Ma. Carmen Salazar Hdez. (Ed.)
Rodvill Ponce
Afredo David Guerrero

Fabricación y aplicación de recubrimiento anticorrosivo tipo cerámico

Ma. Carmen Salazar Hdez. (Ed.)
Rodvill Ponce
Afredo David Guerrero

Fabricación y aplicación de recubrimiento anticorrosivo tipo cerámico

Aplicación automotriz

Editorial Académica Española

Imprint
Any brand names and product names mentioned in this book are subject to trademark, brand or patent protection and are trademarks or registered trademarks of their respective holders. The use of brand names, product names, common names, trade names, product descriptions etc. even without a particular marking in this work is in no way to be construed to mean that such names may be regarded as unrestricted in respect of trademark and brand protection legislation and could thus be used by anyone.

Cover image: www.ingimage.com

Publisher:
Editorial Académica Española
is a trademark of
International Book Market Service Ltd., member of OmniScriptum Publishing Group
17 Meldrum Street, Beau Bassin 71504, Mauritius
Printed at: see last page
ISBN: 978-613-9-46854-6

Agradecimientos

Agradezco a mis padres por haberme dado los pilares fundamentales para lograr mis metas, a superar obstáculos, a no rendirme ante nada y perseverar a través de sus sabios consejos.

A mis hermanas, que a pesar de la distancia que nos separa me alientan a conseguir mis metas.

A mi abuelita, quien fuera la primera en apoyarme en cualquier decisión y consentirme como ninguna otra persona. Ella, que sin duda alguna me dio carácter y puso en practica los valores dia con dia. Siempre vivirás en mi persona, hasta mi ultimo dia en este mundo terrenal.

A mis primos, que me ayudaron y aconsejaron en todo momento para solucionar mis problemas.

A mis tíos paternos y maternos, por su apoyo incondicional y por demostrarme la gran fe que tienen en mi.

A mis amigos, por acompañarme durante todo este arduo camino y haber compartido alegrias y fracasos.

A la Dra. María del Carmen Salazar Hernandez, asesor interno y al Dr. Alfredo David Guerrero Perez, por su generosidad, profesionalismo y asesoramiento que me brindo en todo momento.

Así mismo, agradezco a todas las personas que colaboraron de forma directa o indirecta en el desarrollo de esta obra de investigación, a la Unidad Profesional Interdiciplinaria de Ingeniería campus Guanajuato por facilitarme sus instalaciones y equipo.

"La unión es un comienzo, permanecer juntos es un progreso, pero trabajar juntos es el éxito".
Henry Ford.

"La técnica al servicio de la patria"

Índice General

Índice de Figuras

Índice de tablas

Índice de Ecuaciones

Acrónimos

NACE	National Association of Corrosion Engineers
GDP	Gross Domestic Product
USA	United States of America
PDMS	Polidimetildexiloxano
ORMOSIL-UPIIG	Siláno Organicamente Modificado
TEOS	Tetraetil-ortosilicato
DBTL	Di-butil-dialurato de estaño
Sol-Gel	Hidrolisis y condensación
BiW	Body in White
PVC	Cloruro de poli-vinilo
AAA	Air-Assisted Air-less
HAZMAT	Hazardous Materials Transportation
USD	United states dollar
ASTM	American Society for Testing and Materials
NACE	National Association of Corrosion Engineers
MEB	Microscopio Electrónico de Barrido

Introducción

Capítulo I Información General del Proyecto

El término "corrosión" frecuentemente es relacionado con la degradación de un metal; la corrosión es un fenómeno básicamente perjudicial, la Figura 1.1 muestra los efectos de la corrosión en un metal expuesto a agentes corrosivos en la industria petrolera; se observa un daño total en toda la superficie de material [1]. Sin embargo, no todos los efectos de la corrosión son negativos; por ejemplo, la generación de energía eléctrica en una batería y la protección catódica de muchas estructuras son efectos positivos de la corrosión. Estas ventajas son casi nulas en comparación con los costos y efectos impuestos por sus influencias perjudiciales. Entonces, se puede definir a la corrosión como la desintegración no deseada de la superficie de un metal/aleación dentro de un ambiente específico. Básicamente, algunos metales presentan mayor resistencia a la corrosión que otros y esto puede ser atribuido a diversos factores como su composición química, la naturaleza de sus reacciones electroquímicas, entre otros. La resistencia a la corrosión de los metales puede ser definida en términos de su capacidad para soportar condiciones agresivas, esto determina en gran medida su vida operacional.

Figura 1.1: Corrosión en el sector petrolero [1].

Este fenómeno físico-químico genera un enorme costo, el cual se mediante el estudio de las estadísticas publicadas sobre los daños directos e indirectos de la corrosión en la economía de los gobiernos. Así pues, la Asociación de Ingenieros en Corrosión (NACE, por sus siglas en inglés); reveló que el costo indirecto de la corrosión en los Estados Unidos es cerca del 3% del producto interno bruto (GDP, por sus siglas en inglés) de los Estados Unidos de América [2]. La Figura 1.2a muestra los costos anuales por tipo de industria de la corrosión en USA; donde se puede observar que a la industria de transporte le corresponde el

21.8%, mientras que a la manufactura el 12.8%. Ambos sectores están relacionados con la industria automotriz desarrollada en Guanajuato. Por otra parte, en la Figura 1.2b se especifica la contribución de costos por corrosión en la industria del transporte debido a cada sector industria; la corrosión en motores de vehículo es el principal sector afectado.

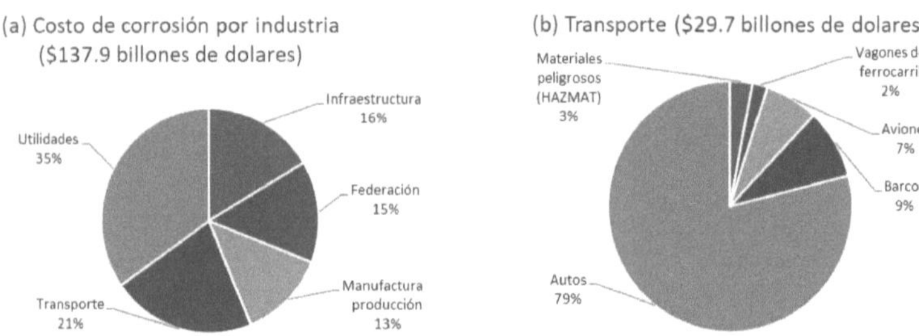

Figura 1.2: Costos de Anuales de Corrosión en USA (a) Por sector industrial (b) En la industria del transporte [2].

Teniendo en cuenta este enorme costo, es necesario desarrollar y expandir nuevas tecnologías para evitar la corrosión. En UPIIG se ha desarrollado un nuevo recubrimiento anticorrosivo cerámico modificado base sílice con un elastómero que es el poli-dimetilsiloxano(PDMS); a este recubrimiento le denominaremos como ORMOSIL-UPIIG. Este recubrimiento ha sido ampliamente estudiado y se ha demostrado que es un excelente anticorrosivo para superficies de aluminio de uso aeronáutico (Al-6061). Sin embargo, las pruebas realizadas de síntesis y aplicación se han realizado a nivel laboratorio; por lo cual, en este proyecto se busca implementar un proceso de escalamiento y el análisis de factibilidad para ser aplicado a nivel industrial a partir de la simulación del proceso empleando el software FlexSim.

1.1 OBJETIVOS

1.1.1 Objetivo General.

Estudiar la escalabilidad del recubrimiento ORMOSIL-UPIIG identificando las variables físicas que afectan su manufactura y aplicación en la industria automotriz.

1.1.2 Objetivos específicos.

1. Definir las variables de síntesis del recubrimiento que afectan la extrapolación a nivel industrial del recubrimiento tipo ORMOSIL-UPIIG para estandarizar la calidad del producto.
2. Determinar los métodos de aplicación adecuados como inmersión o spray, para el ORMOSIL-UPIIG a nivel industrial, garantizando las propiedades finales del mismo posterior a su aplicación.
3. Validar el proceso de manufactura a través de propiedades físicas del recubrimiento (adherencia, espesor y velocidad de corrosión).
4. Desarrollar la simulación del proceso de manufactura/aplicación de manera digital para identificar áreas de oportunidad del mismo.
5. Realizar las pruebas de simulación de capacidad del proceso y la validación del mismo para compararlos con los productos y procesos actuales, para analizar las ventajas y desventajas del prototipo.

1.2 JUSTIFICACIÓN

Este proyecto busca brindar una solución para los anticorrosivos que actualmente se emplean en la industria automotriz, ya que la mayoría son pinturas base cromo; los cuales presentan ciertos problemas de salud como toxicidad alta y causante cancerígeno [3,4]. Una alternativa a este tipo de anticorrosivos son los recubrimientos cerámicos como el ORMOSIL-UPIIG, el cual ha mostrado una baja velocidad de corrosión en superficies de aluminio 6061, no son tóxicos y presentan alta estabilidad mecánica y térmica. El Aluminio es un metal empleado en la industria automotriz por su baja densidad y resistencia mecánica; además, presenta una mayor resistencia a la corrosión que otros metales, como lo es el acero. Sin embargo, la corrosión en este metal se ve presente a lo largo del tiempo, las piezas automotrices que se fabrican con aluminio son: paneles exteriores e interiores y perfiles estructurales, así como los intercambiadores de calor del aire acondicionado y en algunas piezas móviles [5]. Por lo tanto, podría ser factible la aplicación a nivel industrial (sector automotriz) del recubrimiento ORMOSIL-UPIIG desarrollado por el grupo de materiales de la UPIIG-IPN; en este proyecto se estudia la factibilidad de aplicación de dicho cerámico en aleaciones de aluminio.

1.3 HIPÓTESIS

A partir de identificar experimentalmente las variables que puedan afectar el escalamiento a nivel industrial de la aplicación del ORMOSIL-UPIIG y las simulaciones del proceso empleando un software especializado, se podrá optimizar el proceso de fabricación y aplicación del ORMOSIL-UPIIG. Entonces, se podrá evaluar la factibilidad de su implementación a nivel industrial, identificando una mejora en los tiempos de producción y costos del mismo.

1.4 LÍMITES Y ALCANCES

1.4.1 Alcances

En primera instancia, las pruebas físicas y químicas del recubrimiento nos darán una mejor caracterización del nuevo recubrimiento y así mismo un mejor entendimiento de su comportamiento y capacidad; posteriormente se pretenden analizar de forma teórica las posibilidades de aplicación ya que actualmente solo se ha realizado por método de inmersión. Por último, con la simulación de fabricación a nivel industrial, obtendremos tiempos de procesos que están directamente relacionados con las características del anticorrosivo.

1.4.2 Limites

Debido a que los tiempos propuestos para realizar la investigación son muy apresurados, no se asegura hacer un estudio profundo de la situación y sus posibles soluciones; ya que el estado del arte en estos casos requiere de información fidedigna del sector privado, respecto a los tiempos de fabricación y aplicación del anticorrosivo. Finalmente, uno de los puntos más importantes que se plantea en nuestra hipótesis es el conocimiento especializado del software de simulación (FlexSim) en ciertos rubros que nos ayudarían a realizar una simulación lo más cercano a la realidad.

Capítulo II Análisis de la Problemática

2.1.1 Recubrimientos cerámicos y cerámicos modificados

La sílice (SiO2) es un sólido inorgánico altamente estable que solo puede reaccionar con el ácido fluorhídrico (HF), además posee una alta resistencia térmica, mecánica y no es tóxico. Películas delgadas de sílice pueden ser obtenidas a partir del proceso sol-gel, como se muestra en la Figura 2.1 (a) un alcóxido metálico (M(OR)n, Tetraetilortosilicato(TEOS) se hidroliza para formar el ácido silícico (Si(OH)4) y éste último se condensa para formar el enlace siloxano(-Si-O-Si-) y así dar lugar a la formación de la sílice. La sílice se deposita sobre la superficie del metal interaccionando con los grupos -OH presentes en la superficie del metal (Figura 9b). Esta interacción puede ser de dos tipos: electrostática y fuerte, la cual se da entre grupos ☐M-OH presentes en el gel y los grupos –OH presentes sobre la superficie del sustrato; o bien puede llegar a formarse un enlace químico entre el sustrato y el gel por medio de reacciones de condensación. En general se ha observado una buena adherencia entre los sustratos metálicos (cromo, aluminio, acero) con películas de óxido de silicio obtenidas a partir del proceso sol-gel del TEOS [6].

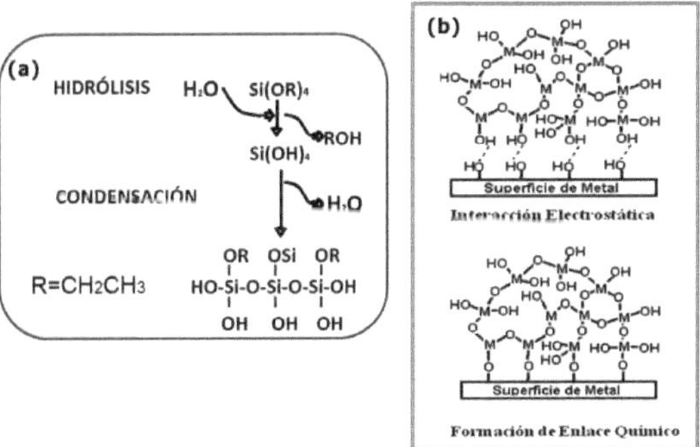

Figura 2.1: (a) Reacciones Sol-Gel para la formación de la SiO2 (b) Depósito de la SiO2 sobre la superficie de un metal [6].

Este tipo de recubrimientos cerámicos han presentado diferentes propiedades tales como: anti-reflejantes, optoelectrónicas, películas porosas, protecciones a la corrosión, entre otras. La Figura 2.2 muestra dos piezas de bronce, una con recubrimiento anticorrosivo de SiO_2 y otra sin recubrimiento. Las piezas se expusieron por 360 h a un medio ácido (agente corrosivo), la pieza sin recubrimiento muestra signos de alta corrosión uniforme mientras que la pieza tratada con el recubrimiento cerámico de sílice no mostró ninguna señal de corrosión [6]. Por otra parte, los sustratos que se han empleado para el depósito de recubrimientos anticorrosivos van desde acero, aluminio, zinc, magnesio, en todos los casos se ha demostrado que este tipo de recubrimientos protegen eficientemente al metal de los agentes corrosivos.

Figura 2.2: Recubrimiento cerámico tipo SiO2 sobre una pieza de bronce [6].

En la actualidad como se muestra en la Figura 2.3a los recubrimientos anticorrosivos empleados en la industria aeronáutica consisten en la formación de una capa de óxido de aluminio/cromo (capa anodizada, agentes anti-corrosivos) para posteriormente aplicar una capa de Primer/cromato; ésta capa proporciona la compatibilidad entre el recubrimiento anticorrosivo y la pintura. Los nuevos recubrimientos intentan eliminar el cromo tanto en la fase del agente anticorrosivo como en el primer adicionando una capa de óxido de silicio o capa de silano (Figura 2.3b). Como se muestra en la Figura 2.3c una ventaja en el uso de los silanos es la fácil funcionalización de estos compuestos con agentes orgánicos que permiten la compatibilidad entre la fase inorgánica (metal) y los compuestos orgánicos (Primer/Pintura) a través de la síntesis y depósitos de recubrimientos tipo híbridos (súper-primer) [6].

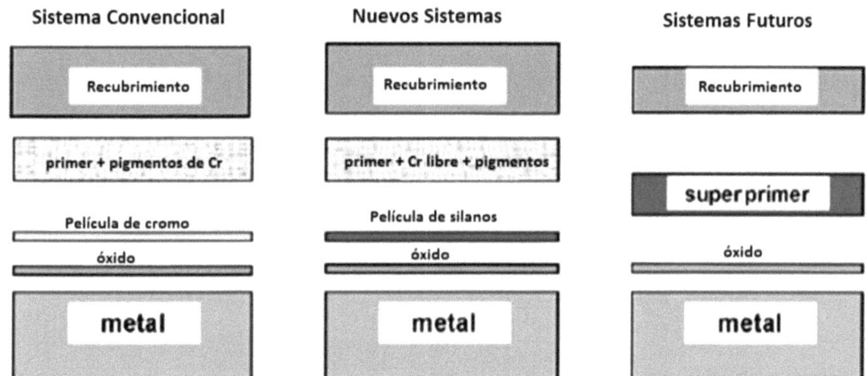

Figura 2.3: (a) Recubrimientos anticorrosivos empleados en la industria aeronáutica (b) Funcionalización de silanos con agentes orgánicos (c) Formación de materiales híbridos [6].

La Figura 2.4 muestra la metodología empleada para la síntesis de materiales híbridos base sílice; estos materiales se obtienen al adicionar un silano modificado con un grupo orgánico (cross-linked, agente de acoplamiento) que permite la unión entre la fase inorgánica (sílice) formada del TEOS. La fase inorgánica se une químicamente al polímero a través del grupo orgánico R formando así un material donde se combinan las propiedades de la fase orgánica (elasticidad, rugosidad, maleabilidad) con las de la fase inorgánica (dureza, estabilidad mecánica y química).

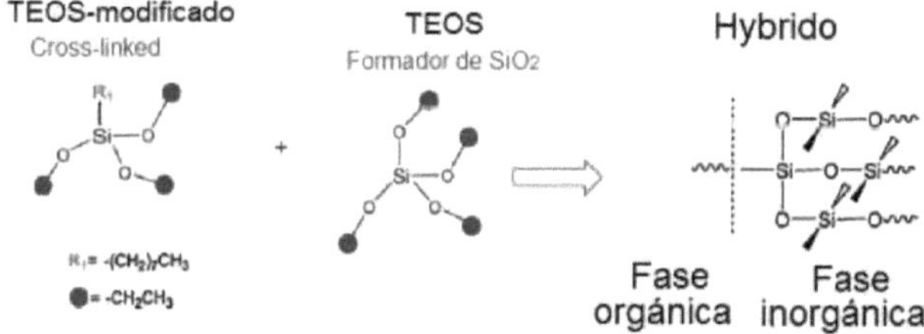

Figura 2.4: Síntesis de materiales híbridos [6].

Estos materiales han sido ampliamente usados como recubrimientos ya que prácticamente todo tipo de polímero (epoxi, uretano, acrílico, estireno, polietileno, etc.) puede ser modificado a través de esta nueva tecnología, la única desventaja de estos materiales es el costo de los agentes de entrecruzamiento (cross-linked). La Figura 2.5, compara el cambio en las propiedades de un material polimérico ordinario con la de los materiales híbridos y compuestos. Un recubrimiento base polímero (pintura ordinaria) se degrada al exponerse a la luz UV-visible; para disminuir la decoloración del material se adicionan partículas de sílice, formación de un material compuesto. La sílice incrementa estabilidad al color del material, pero debido a que ambos materiales inorgánicos (sílice) y orgánico (polímero) se encuentran formando una mezcla física homogénea, ambos presentan diferente comportamiento térmico por lo cual con el tiempo se forman pequeñas fisuras. Sin embargo, en el material híbrido, debido a que las fases se encuentran unidas químicamente se observa un solo comportamiento mecánico, térmico y químico mejorando así la estabilidad del polímero evitando que se decolore y manteniendo el brillo de éste [6].

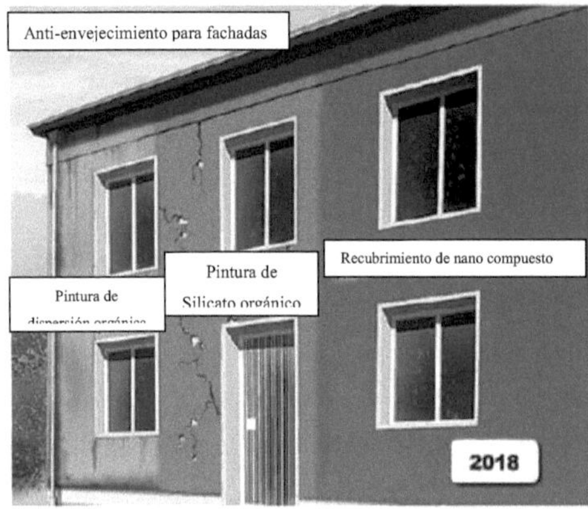

Figura 2.5: Comparación entre un material híbrido y un compuesto polímero/sílice; a) Pintura orgánica, b) Pintura inorgánica base sílice y c) Recubrimiento nanocomposito polímero/sílice [6].

2.1.2 Recubrimientos anticorrosivos tipo ORMOSIL empleando Dibutil-dialurato de estaño (DBTL) como catalizador

Por otra parte, la principal desventaja en la obtención de recubrimientos cerámicos base TEOS es la formación de fracturas en el recubrimiento durante la etapa de secado [6]. Para evitar las fracturas se ha propuesto la adición de fragmentos orgánicos como el polidimetildisiloxano (PDMS). La adición del PDMS ha permitido obtener materiales cerámico-orgánicos (ORMOSIL) con elasticidad similar a la de una goma [6]. Salazar y colaboradores han propuesto el uso de ORMOSIL-UPIIG sintetizados con DBTL como recubrimientos anticorrosivos, en la Figura 2.6 se muestran los espectros de infrarrojo para el TEOS,

PDMS-OH y los tres recubrimientos sintetizados con diferente porcentaje de PDMS [6]. Todos los recubrimientos tipo ORMOSIL no mostraron a 3100 cm^{-1} la señal correspondiente a los grupos silanoles libres presentes en el TEOS hidrolizado y PDMS-OH empleados como materiales de partida; mientras que el modo vibracional para estos grupos funcionales a 950 cm^{-1} se identificó en el recubrimiento con el 15% de PDMS, como un hombro y para los otros dos recubrimientos prácticamente desaparece esta señal. El modo vibracional a 1250 cm^{-1} correspondiente a Si-CH$_3$ fue identificado para los tres cerámicos sintetizados como una señal fina e intensa; La señal a 1027 cm^{-1} (vas para Si-O-Si) fue más intensa y ancha para el cerámico obtenido con el 40 % de PDMS. Estos resultados indicaron que el DBTL permitió la reacción de condensación entre el TEOS y el PDMS-OH.

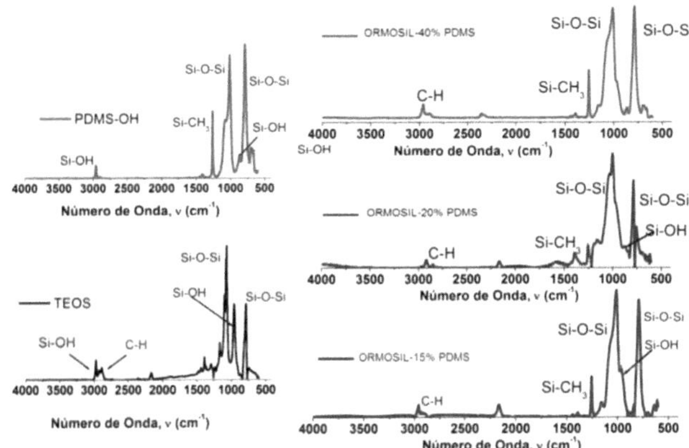

Figura 2.6: Caracterización química por FTIR para ORMOSILes sintetizados con DBTL [6].

La Figura 2.7 muestra las curvas de esfuerzo-deformación obtenidas por el ensayo de compresión para los cerámicos estudiados, en ellas se puede observar que la concentración del polímero incrementa la capacidad de deformación en los cerámicos. La deformación en el punto de ruptura para el recubrimiento con el 20% de PDM, fue del 3%; mientras que un 12% de deformación se observó en el recubrimiento con el 40% de polímero. Por otra parte, los módulos de elasticidad varían de 1.33 a 0.667 MPa para el cerámico con el 20% de PDMS y el cerámico con el 40% PDMS respectivamente. Además, la resistencia a la tensión incrementa de 6.7 a 7.2 MPa de acuerdo con el contenido de polímero en el cerámico.

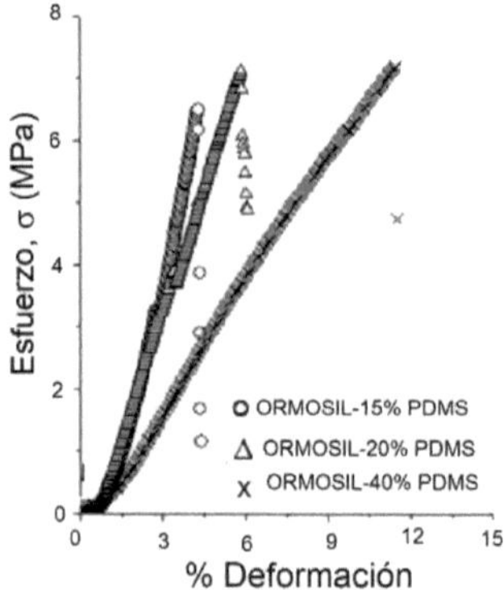

Figura 2.7: Curva esfuerzo-deformación para ORMOSILes sintetizados con DBTL [6].

El comportamiento mecánico observado para los cerámicos, así como los resultados de la espectroscopia de infrarrojo siguieren que el DBTL cataliza la reacción de condensación entre el TEOS pre-hidrolizad y el PDMS (Figura 2.8); como producto final se obtuvo una estructura híbrida donde el polímero genera elasticidad en el material; mientras que la sílice formada por el TEOS induce rigidez al cerámico.

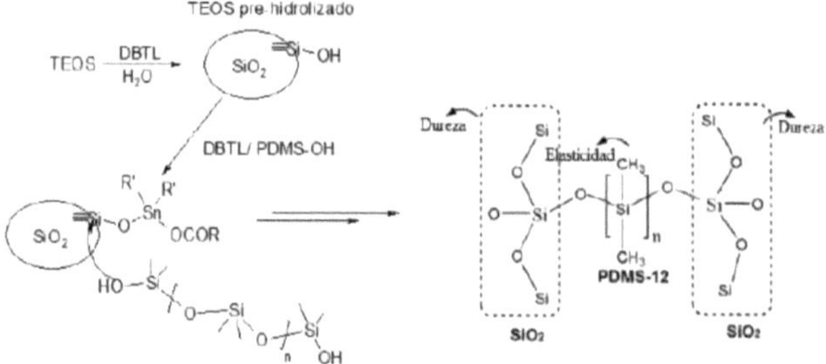

Figura 2.8: Reacciones de poli-condensación de la sílice y el PDMS catalizada por el DBTL [6].

Para determinar el efecto anticorrosivo de los ORMOSIL-UPIIG sintetizados con DBTL, éste fue depositado sobre superficies de aluminio. La Figura 2.9 muestra la microscopía electrónica de barrido para el recubrimiento con el 40% en peso de PDMS, el recubrimiento se depositó sobre la probeta de aluminio de manera homogénea sin observarse fracturas debido al proceso de secado. Debido a que la superficie no fue pulida antes de aplicar el recubrimiento, éste adoptó la rugosidad de la superficie. La muestra una vista lateral del recubrimiento donde se puede observar que el espesor del recubrimiento es de 106 μm.

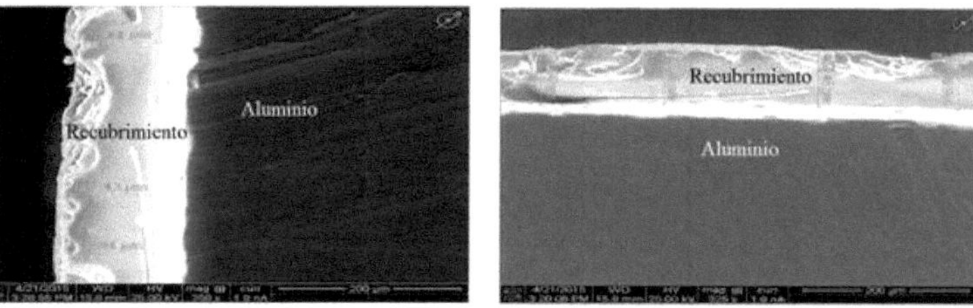

Figura 2.9: Microscopía electrónica de barrido para el ORMOSIL-40% PDMS [6].

La Figura 2.10 muestra las probetas de aluminio expuestas a las condiciones de corrosión salina; las cuales fueron condiciones para provocar corrosión elevada en el metal. La lámina de aluminio sin recubrimiento sufrió un proceso de corrosión intergranular excesiva. Por otra parte, se puede observar que el ORMOSIL-UPIIG obtenido con DBTL no muestra daño en la capa de recubrimiento depositado; mientras que el ORMOSIL-ácido presentó deterioro en el recubrimiento sin observarse la corrosión sobre la superficie del metal. Para este recubrimiento (ORMOSIL-UPIIG sintetizado con DBTL) se determinó una disminución del 76% en la velocidad de corrosión del Al-6061.

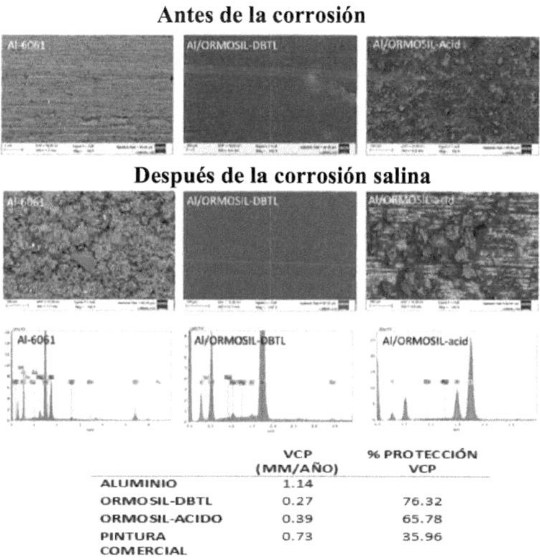

	VCP (MM/AÑO)	% PROTECCIÓN VCP
ALUMINIO	1.14	
ORMOSIL-DBTL	0.27	76.32
ORMOSIL-ACIDO	0.39	65.78
PINTURA COMERCIAL	0.73	35.96

Figura 2.10: Aluminio y Aluminio con ORMOSIL sintetizado con DBTL después del ensayo de corrosión [6].

La Figura 2.11 muestra el diagrama de taxonomía, en el cual podemos identificar el problema principal para el desarrollo de la investigación el cual comprenderá de tres parámetros principales a controlar; la viscosidad y tiempo de gelificación, nos brindarían la estabilidad del anticorrosivo y finalmente nuestro análisis de costo quien nos dictaría la viabilidad de cambiar los recubrimientos actuales por el propuesto. Así mismo, se tiene que hacer pruebas para el método de aplicación y unas pruebas finales de calidad en donde podremos asegurar las propiedades del recubrimiento como adherencia, velocidad de corrosión y espesor, a medida que pase el tiempo de gelificación y este sea imposible aplicar y por ende asegurar su funcionalidad.

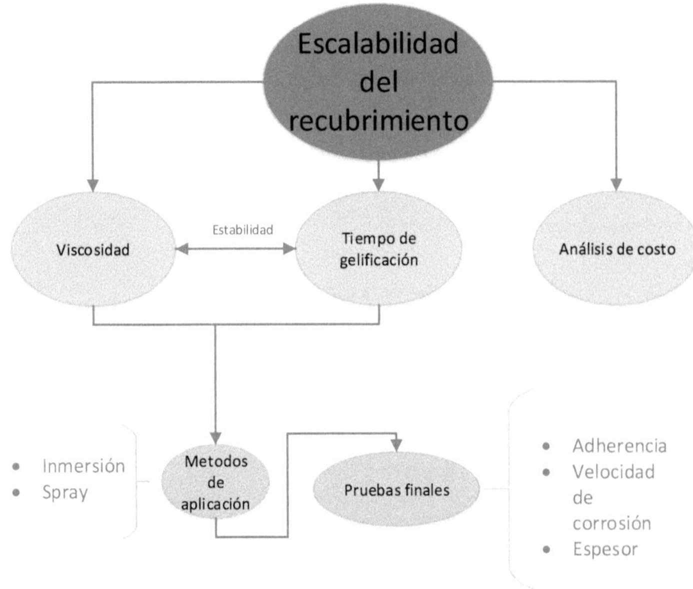

Figura 2.11: Diagrama de taxonomía para la evaluación del escalamiento a nivel industrial del ORMOSIL-UPIIG.

2.3 SITUACIÓN ACTUAL

La Tabla I indica las características que son evaluadas en los recubrimientos comerciales; se comparan las observadas para el ORMOSIL-UPIIG con la de recubrimientos comerciales (fosfato; galvanizado con zinc y cromo). Donde se puede observar que el ORMOSIL-UPIIG tiene una adhesión buena, buena estabilidad de la tina (solución que se aplica a la superficie), que se deposita con un espesor intermedio a los espesores de los recubrimientos comerciales. Entre las propiedades que deben ser calculadas para este material es el costo y el diseño de los equipos requeridos para su aplicación. En este proyecto se busca que con el trabajo experimental y la simulación del proceso se pueda predecir el costo real del recubrimiento y así compararlo con lo reportado para los recubrimientos comerciales.

Tabla I: Tipos de anticorrosivos [7-10].

Propiedad	Tipo de Recubrimiento			
	Fosfato de hierro	Fosfato de Zinc	Cromo	ORMOSIL-UPIIG
Peso promedio del recubrimiento	160 a 967 mg/m^2	538 a 1076 mg/m^2	20 gr/l en películas de 5 μm	N/D mg/m^2
Estructura superficial	Amorfa (necesita menos pintura)	Cristalina (necesita más pintura)	Áspero y nodular	Igual que la superficie recubierta
Adhesión de pintura	Muy buena	Excelente	Medio	Muy Buena
Resistencia a la Corrosión Salina	200-500 hrs	600-1000 hrs	N/D	Excelente
Costo	Un componente, $ 4.00 - 8.00 usd por galón	3-4 componentes$ 4.00 - 8.00 usd por gal 1. Fosfato de zinc - $8.00 usd / gal 2. Catalizador - $8.00 usd/ gal 3. Activador - $7.00 usd/lb 4. Ajuste de pH - $3 - 5.00 usd /gal	Elevado	N/D
Formación de sedimentos	Moderada	Alta	N/D	Baja

Vida de la tina de inmersión	Muy buena	Muy buena	N/D	Excelente
Control de la tina de inmersión	Muy fácil 1-2 pruebas	Difícil 3-4 pruebas, control de zinc y acondicionador	Difícil Control de relación cromo-sulfato	Media Temperatura y tiempo de aplicación
Equipo	Acero templado o acero inoxidable	Acero inoxidable o de construcción similar anticorrosivo; equipo para remoción de lodos; estaciones de limpieza	N/D	N/D
Mantenimiento	Mínimo	Alto (Remoción de lodos)	Medio	Mínimo
Metales que protegen	Zinc, Cadmio, Acer y Aluminio.	Zinc, Cadmio, Acer y Aluminio.	Aleaciones de hierro, aluminio.	Aluminio y Acero.
Espesor	1 μm a 10 μm	1 μm a 10 μm	2.5 a 500μm	10-107μm

2.4 Situación deseada

Con base en la experimentación realizada durante la investigación se pretende completar la caracterización del ORMOSIL-UPIIG para poder realizar una comparación con los anticorrosivos comerciales empleados en la industria automotriz. De manera que al realizar una simulación del proceso se pueda cuantificar el costo de producción de este recubrimiento permitiendo hacer el análisis de factibilidad para la aplicación del ORMOSIL-UPIIG a nivel industrial. Este recubrimiento no es toxico y sus óxidos formados son inocuos; este anticorrosivo puede ser más barato y con mejores prestaciones que los existentes.

Capítulo III Marco Teórico

3.1.1 Aluminio y sus aleaciones

El aluminio se utiliza ampliamente en diferentes sectores de la industria debido a sus propiedades físicas y químicas; este metal tiene una resistencia mecánica promedio entre los 400-200 MPa y una baja densidad (2,7 g/cm^3). Además, tiene una alta conductividad térmica y eléctrica, sus aleaciones fabricadas con tratamientos térmicos tienen alta resistencia mecánica (600 MPa) y presenta una alta resistividad a la corrosión en comparación con otros metales puros. El aluminio es un material activo a la corrosión, la Ecuación 3.1 indica la reacción oxido-redox que explica la oxidación de este metal; el aluminio actúa como un ánodo incrementando su estado de oxidación de cero a tres; siendo el producto de oxidación el óxido de aluminio (Al$_2$O$_3$). El óxido de aluminio se deposita sobre la superficie del metal pasivando la superficie, esta capa protectora es quien le confiere al aluminio la resistencia a la corrosión; siendo un metal que resiste la corrosión ante agentes oxidantes tales como son: el agua, ácidos orgánicos y algunos ácidos minerales.

$$4Al + 3O_2 \longrightarrow 2[\,Al^{3+}]_2\,[O^{2-}]_3 \tag{3.1}$$

Reducción
Oxidación

Ecuación 3.1: Reacción de oxidación del Aluminio.

Por lo tanto, se utiliza frecuentemente en recipientes de reacción, equipo de maquinaria y baterías químicas, por ejemplo, se utilizan tanques de aluminio para transportar ácido acético. La capa de Al$_2$O$_3$ que protege al aluminio de la corrosión se forma muy rápidamente debido a la alta naturaleza reactiva del aluminio y esta capa también puede producirse mediante corriente eléctrica en condiciones de laboratorio. Chatalov en 1952 estudió la corrosión del aluminio de acuerdo con el pH del medio; mientras que, Pourbaix y sus colegas descubrieron que la velocidad de corrosión depende logarítmicamente del pH. La Figura 3.1 muestra el diagrama de Pourbaix para el aluminio, esta gráfica indica las condiciones de pH y de potencial que son necesarias para que el metal se encuentre en la de zona de inmunidad (metal estable sin posibilidades de corroerse), de pasividad (formación de Al$_2$O$_3$ como capa protectora) y en corrosión (oxidación del aluminio a Al^{3+}).

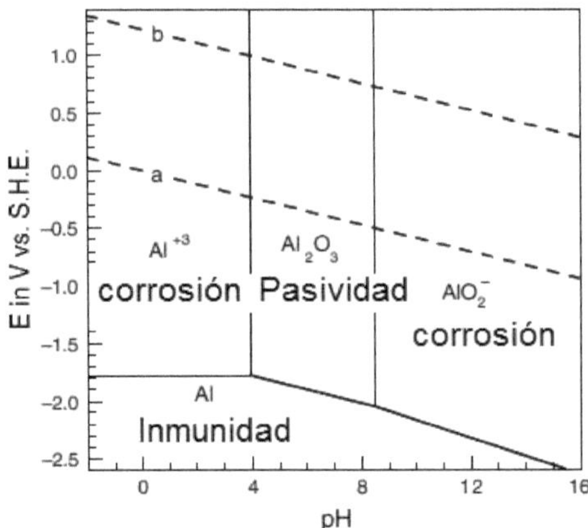

Figura 3.1: Diagrama de Pourbaix [14].

De acuerdo con el diagrama de Pourbaix para el aluminio, la menor corrosión en el metal tiene lugar cuando el pH es 6, ya que los hidratos de aluminio tienen poca solubilidad y tienden a precipitarse formando la capa de pasividad. El aluminio es pasivo en el intervalo de pH de 4 a 9. La superficie metálica de aluminio tiene carga cero a pH 9.1 si el potencial en el metal es menor a -2.0 V (zona de inmunidad). El aluminio se corroe o se disuelve cuando el pH está fuera de su rango de pasividad; sin embargo, se disuelve menos en medios ácidos que en medios básicos; en entornos alcalinos, el aluminio y las aleaciones son fácilmente corroídos, especialmente para valores de pH superiores a 10. Por lo tanto, en el caso de aplicación de protección catódica, debe evitarse la sobreprotección ya que conducirá a un aumento de pH. Un factor que incrementa la corrosión en el aluminio es la temperatura, a mayor temperatura mayor es la tasa de corrosión [11].

3.2 RECUBRIMIENTOS PROTECTORES

Las barreras físicas contra la corrosión se aplican sobre superficies en forma de películas y recubrimientos. Es esencial que el revestimiento mantenga un alto grado de adherencia superficial, lo que indudablemente requiere algún tratamiento de superficie previo a la aplicación. En la mayoría de los casos, el recubrimiento debe ser virtualmente no reactivo en el ambiente corrosivo y resistente a los daños mecánicos que expone el metal desnudo al ambiente corrosivo. La protección del recubrimiento depende de su permeabilidad, que son inversamente proporcionales. Los métodos de aplicación de recubrimiento anticorrosivos más comunes son: la electrólisis orgánica o inorgánica, inmersión en caliente, pasivación de la formación superficial de una película molecular protectora de anódicos empleando inhibidores, porosidad o pinturas generales, recubrimientos cerámicos (óxidos metálicos). A continuación, se describirán algunos de ellos.

3.2.1 Capa de óxido protectora y pasivación.

Las películas de óxido de pasivación protectora y la aplicación de una corriente externa o proporcionar un ambiente oxidante para aumentar el espesor de las películas de óxidos naturales son dos de las principales medidas para producir una superficie más resistente a la corrosión, denominada "pasivación". de convertir la superficie activa de un metal en una pasiva formando una película fina, no porosa, adherente y altamente protectora sobre la superficie.

Algunos metales y aleaciones normalmente activos pierden su reactividad química y se vuelven extremadamente inertes bajo condiciones ambientales particulares, por ejemplo, superficies de aluminio, estaño, cromo, hierro, níquel, titanio y muchas de sus aleaciones se convierten rápidamente en óxidos cuando se exponen a la atmósfera o al medio oxidante. Las naturalezas no porosas de estas capas de óxido impiden una mayor corrosión y, si están dañadas, normalmente se reforman muy rápidamente. Sin embargo, un cambio en el carácter del medio ambiente, por ejemplo, alteración en la concentración de las especies corrosivas activas tales como iones cloruro y sulfato, hace que un material pasivado vuelva a un estado activo, acelerando el proceso de desprendimiento de la película, mientras que cromatos y fosfatos promover la acción reparadora. El daño subsiguiente a una película pasiva preexistente podría dar lugar a un aumento sustancial en la tasa de corrosión, tanto como 100.000 veces.

Las propiedades de resistencia a la corrosión de las películas de óxido dependen de las propiedades de la película, tales como:

I. Espesor e impermeabilidad a los medios
II. Adherencia al metal base
III. Resistencia al ataque químico
IV. Fuerza mecánica
V. La capacidad de reparar defectos desarrollados en la película

Los metales que son susceptibles a la corrosión pueden hacerse pasivos alejándolos con uno o más metales que ya son pasivos y resisten la corrosión, por ejemplo, el hierro se vuelve pasivo por su aleación con cualquiera de los metales de transición tales como cromo, níquel y molibdeno.

La inmersión de metales en soluciones de productos químicos o la pulverización de tales productos químicos sobre la superficie metálica para formar un revestimiento aislante, tal como se hace con fosfatos y cromatos para formar revestimientos de conversión de cromato con este último, es una técnica común de pasivación.

Los revestimientos de fosfato tienen espesores que varían de 1 μm a 10 μm; forman una buena base para las pinturas y reducen la fricción, especialmente durante el trabajo en frío. Los metales tales como aluminio, zinc, cadmio y metales o revestimientos tales como recubrimientos de cobre, plata, estaño o incluso fosfato se sumergen en soluciones de ácido crómico o cromato para estar más protegidos de la corrosión. Los cromatos también forman una buena base para pinturas, por ejemplo, zinc, cadmio y aluminio, no requieren ningún pretratamiento de superficie adicional después de recubierto con cromatos. La capa de cromato tiene normalmente un espesor de 0,5 μm y tiene la capacidad de auto-cicatrización en lugares dañados del revestimiento; sin embargo, es tóxico, peligroso y carcinógeno, y por lo tanto perjudicial para el medio ambiente y la salud pública. La pasivación del acero puede lograrse exponiéndola a ácido nítrico; sin embargo, la adición de cromo, níquel, molibdeno seguiría siendo necesaria en ambientes donde los cloruros están presentes ya que estos elementos son resistentes al ataque de cloruros. El aluminio y sus aleaciones pueden oxidarse adicionalmente tratándolos como ánodos en soluciones de ácido sulfúrico, ácido crómico o ácido oxálico. El recubrimiento de óxido de aluminio producido puede ser tratado con vapor de agua o con agua hirviendo u otras soluciones para sellarlo, cerrando los poros, haciéndolo muy aislante y protector. El grosor de este recubrimiento debe ser regularmente de 10 μm dentro de los edificios, 20 μm en condiciones atmosféricas y 25 μm en condiciones atmosféricas corrosivas, mientras que el grosor varía entre 20 μm y 40 μm cuando tales recubrimientos son coloreados[11].

3.2.2 Metales, aleaciones o materiales que son conductores

Los metales utilizados para recubrir otro metal son más nobles que el metal huésped o más activos.

> Uso de metales más nobles en revestimientos metálicos Ejemplos de metales nobles son oro o plata chapado sobre cobre o estaño, plomo, cromo o recubrimientos de níquel-cromo en acero. En estos tipos de revestimientos, cuando hay un fallo de recubrimiento tal como poros, grietas, etc., el metal huésped se corroe por debajo y puede causar peligro debido a fallas mecánicas imperceptibles; por lo tanto, el recubrimiento debe ser continuo y de alta calidad.

> Uso de metales más activos en revestimientos metálicos En el uso de metales más activos para revestir el metal huésped, tales fallas no causan ningún problema ya que el metal usado para recubrimiento se corroe preferentemente, en cualquier caso. Las superficies de metales más activos también se pueden oxidar para convertirse en una capa de cromato o fosfato, haciendo que el recubrimiento sea un revestimiento de doble capa con más resistencia a la corrosión. El potencial de oxidación del ion ferroso al ion férrico es de -0,77 V. El zinc, el aluminio, el estaño y el plomo se colocan en posiciones más altas en la serie electroquímica y, por lo tanto, son más susceptibles de ser atacados por oxígeno y actúan como ánodos. Por lo tanto, bajo el hierro permanece brillante a costa de la película de metal catódico en su superficie.

3.2.3 Materiales orgánicos que son aislantes

El recubrimiento con materiales orgánicos que son aislantes en general, tales como pinturas, plásticos y cauchos, es un método común y eficaz de revestimiento protector ampliamente utilizado en tanques de aceite, estructuras de acero y tuberías. Los recubrimientos orgánicos tienen dos ventajas: no permiten que el aire o la humedad alcancen la superficie metálica, y los pigmentos presentes en el recubrimiento actúan como inhibidores y por lo tanto previenen la corrosión. Las pinturas consisten en tres componentes principales: compuestos orgánicos que son en su mayoría polímeros sintéticos que determinan las propiedades químicas y mecánicas de la pintura y son responsables de la adherencia a la superficie, pigmentos que proporcionan color y resistencia a la corrosión y solventes que secan y solidifican la pintura. Los pigmentos se clasifican en tres categorías según sus propiedades de prevención de la corrosión: los pigmentos inertes, como las balanzas de aluminio y el óxido de hierro micáceo, protegen la pintura físicamente contra factores externos como la luz del sol o los rayos de luz UV, humedad, inhibir pigmentos, tales como cromatos y pigmentos a base de plomo, pasivar la superficie metálica o aumentar el pH del medio ambiente o agotar el oxígeno; y el pigmento protector más comúnmente catódico es el polvo de zinc. Es importante seleccionar la pintura adecuada para el tipo de metal a pintar, limpiar y preparar bien la superficie, usar el método adecuado para pintar y pintar bajo las condiciones adecuadas tales como temperatura, humedad, contaminación, etc. pintura para tener éxito.

El recubrimiento de superficies metálicas por pinturas, barnices, esmaltes o lacas proporciona una superficie de revestimiento protectora y protege al metal o aleación de la corrosión. Sin embargo, antes de la aplicación de tales recubrimientos, la superficie del metal debe limpiarse adecuadamente para eliminar la grasa, el polvo, la arena, la escala, etc., ya que estos afectan la adherencia. Además, el rendimiento de las pinturas o esmaltes como recubrimiento protector contra la corrosión depende de su técnica de aplicación. Una leve negligencia en cualquier etapa de la aplicación de la pintura puede causar un fallo completo, ya que pueden desarrollarse grietas. Los siguientes pasos son necesarios en la aplicación de revestimientos orgánicos:

I.   Preparación de la superficie
II.   Lijado
III. Preparación
IV.   Acabado
V.   Llenado

El revestimiento de pintura en la etapa final debe ser continuo de modo que no se formen poros para que sea impermeable al gas y al agua y debe ser químicamente estable.

En algunas regiones tropicales, en Medio Oriente y África, por ejemplo, las altas temperaturas ambientales, así como la fuerte radiación ultravioleta (UV), pueden tener algunos efectos negativos sobre la construcción orgánica y los procesos de aplicación ya que los disolventes u otros componentes volátiles se volatilizan más rápido que en su entorno, lo que genera un gran número de burbujas en la superficie y capas internas de la película de revestimiento, lo que conduce a una disminución de la adherencia de los revestimientos y propiedades físicas, reduciendo en gran medida la vida útil de los revestimientos. Entre estos factores, el UV es la razón más importante para el envejecimiento de los recubrimientos, particularmente debido a la radiación UV-B en el intervalo de longitudes de onda de 290 nm y 320 nm, lo que provoca la descomposición de aglutinantes en revestimientos. Debido a este efecto de envejecimiento por UV, especialmente en los aglutinantes de revestimientos, los compuestos de alta energía de enlace deben seleccionarse como aglutinantes de revestimiento para prolongar la vida útil de las capas finales. Estos compuestos orgánicos son compuestos con enlaces F-C, Si-O o H-O en sus cadenas tales como resinas de fluorocarbono, polisiloxanos y poliuretanos acrílicos. Otra técnica consiste en aplicar un barniz absorbente de UV sobre los recubrimientos finales como revestimiento de capa delgada, evitando que los rayos UV penetren en los revestimientos superiores subyacentes, haciendo que los aglutinantes orgánicos sean menos susceptibles al ataque. Los estabilizadores de luz, incluidos los absorbentes de radiación UV y los eliminadores de radicales, son partes esenciales de los barnices absorbentes de UV. Por lo tanto, un sistema multicapa, tal como una imprimación epoxídica, una capa superior de poliuretano acrílico resistente a la intemperie y un barniz absorbente de UV en la parte superior, serían más eficaces para prevenir los daños de la radiación UV. La imprimación epóxica debe consistir en una resina epoxi adecuada, un agente de curado con la adición de un solvente de alto punto de ebullición junto con un sistema antiespumante de alta calidad, que puede aplicarse sobre superficies de acero a altas temperaturas suplementado con un barniz absorbente de UV que está compuesto de resina acrílica hidroxilo, absorbentes de UV, disolventes y aditivos teniendo la capacidad de prevenir la penetración de UV hasta el 95%. Dicha composición permitiría que el revestimiento pasara la prueba de envejecimiento del tiempo de 2000 horas[11].

3.4 SOL-GELS (ORMOSILES)

Los revestimientos de conversión con materiales orgánicos que son aislantes se aplican a superficies metálicas para promover adhesiones de acabados orgánicos tales como pinturas y para la protección contra la corrosión del sustrato metálico. Una alternativa prometedora a los recubrimientos de conversión de cromato es el procesamiento sol-gel que ha crecido fuera del campo de la cerámica. En este método, se usan sales metálicas solubles y / o materiales orgánicos metálicos para producir una amplia variedad de óxidos metálicos mezclados y compuestos orgánicos de óxidos metálicos. Se propone que los únicos procesos universales para tratar varias aleaciones de Al que son eficaces en diversos ambientes de corrosión y son ambientalmente conformes son revestimientos que consisten en silanos órgano-funcionales y no órgano-funcionales. Estos recubrimientos son una solución prometedora para la protección contra la corrosión de las aleaciones de aluminio, que es un requisito clave para las aeronaves, ya que la Fuerza Aérea de los Estados Unidos prolonga la vida útil de su flota. La desventaja de los recubrimientos de sol-gel de silicato epoxi en comparación con los recubrimientos de conversión de cromato es que las películas sol-gel no pueden pasivar un área dañada. En 1985, Wilkes et al. primero informó la preparación exitosa de un nuevo tipo de material híbrido orgánico-inorgánico mediante la reacción de orto-silicato de tetraetilo (TEOS) y polidimetilsiloxano (PDMS), a los que denominó "cerameros". Aproximadamente al mismo tiempo, Schmidt informó independientemente la exitosa preparación de nuevos híbridos orgánicos e inorgánicos materiales, que él llamó "ormosils" (orgánico ligado o silicatos modificados). Los Ormosils son materiales híbridos orgánicos-inorgánicos formados a través de la hidrólisis y condensación de silanos modificados orgánicamente con precursores de alcoxidos tradicionales. Más tarde, después de que otros óxidos tales como ZrO_2 estuvieran también unidos a grupos orgánicos, Schmidt también ha usado el término "ormocers". El procedimiento sol-gel, que se basa principalmente en reacciones de polimerización inorgánica, es un método de síntesis química utilizado inicialmente para la preparación de materiales inorgánicos, tales como cristales y cerámicas. En lugar de usar alcóxidos metálicos como precursor de la reacción sol-gel, se utilizan alcoxisilanos como el único o uno de los precursores y los grupos orgánicos se introducen en la red inorgánica a través del enlace silicio-carbono en un alcoxisilano. Una de las características atractivas del proceso sol-gel es que permite la preparación de numerosos tipos de nuevos materiales orgánicos-inorgánicos con propiedades térmicas, mecánicas, ópticas y eléctricas mejoradas, tales como materiales de óxido de huésped, que son imposibles o extremadamente difíciles para sintetizar por cualquier otro proceso. Las numerosas aplicaciones de estos materiales incluyen revestimientos duros resistentes a arañazos y abrasivos y recubrimientos especiales para materiales poliméricos, superficies metálicas y de vidrio. Concretamente para aleaciones de acero dulce y aleaciones de aluminio 2024 se han descrito usos generalizados de estos materiales de ormosil.

Los silanos usados órgano-silicio para la fabricación de monómeros de ormosil son una familia general de fórmula R-Si (OR ') 3, donde R es un grupo organofuncional y R' es usualmente un grupo metilo o etilo. En un medio acuoso, el grupo alcoxi se hidroliza para formar un silanol R-Si (OH) 3, que a su vez forma un enlace químico con la película de óxido hidratada. El otro grupo funcional de la molécula de silano, R, puede unirse fuertemente con la base de resina polimérica del recubrimiento de pintura. La introducción de estos grupos RSi unidos covalentemente permite la modificación química de las propiedades del material resultante. Los componentes inorgánicos tienden a impartir durabilidad, resistencia al rayado y una adhesión mejorada a los sustratos metálicos, mientras que los componentes orgánicos contribuyen a aumentar la flexibilidad, la densidad y la compatibilidad funcional con los sistemas de pintura polimérica orgánica. Los precursores, que generalmente son silanos di y trifuncionales, abarcan una amplia gama de tamaños, reactividades químicas y funcionalidades. El uso de precursores que contienen enlaces SiC no hidrolizables, tales como alcoxisilanos bifuncionales y / o trifuncionales (R 'nSi (OR) 4-n, n = 1 a 3, R = alquilo, R' = grupo orgánico) introducción de grupos orgánicos unidos directamente a la red de sílice polimérica. Los alcoxisilanos trifuncionales se usan más comúnmente como precursores que otros precursores de alcoxisilano debido a que unas variedades de tales silanos están disponibles comercialmente, mientras que los alcoxisilanos bifuncionales tienen que usarse en presencia de precursores de mayor funcionalidad para formar una red tridimensional. Ormosils se pueden dividir en tres categorías sobre la base de sus métodos de preparación. En el tipo A, el orgánico, tal como un tinte, se mezcla en la solución líquida sol-gel, tal como trietanolamina (TEOA), en alcohol.

En la gelificación, el orgánico queda atrapado en la matriz porosa de sílice. Se supone que no se han producido reacciones químicas entre los dos constituyentes. En el tipo B, se forma primero un gel de óxido poroso en el que la porosidad y el tamaño de poro se controlan por calentamiento. Luego se impregna una solución orgánica en los poros del gel. La fase orgánica se solidifica a continuación mediante polimerización, y se forma un nanocompuesto, tal como parametoximetanfetamina (PMMA), en sílice. Sin embargo, normalmente no existen enlaces químicos entre las fases orgánica e inorgánica. En el tipo C, la solución orgánica se añade a la solución líquida de gel de óxido, pero a diferencia del tipo A, se forma un enlace químico entre dos fases o el precursor de óxido inorgánico puede tener ya un grupo orgánico unido químicamente, tal como CH₃Si(OCH₃)₃ antes de la reacción. Los tipos A, B y C pueden mezclarse adicionalmente. El sistema más común en esta clase de híbridos es el polidimetilsiloxano (PDMS) y el tetraetoxisilano (TEOS). En conjunto, estos diversos tipos de ormosils ofrecen un espectro muy amplio de química, estructuras y aplicaciones[11].

3.5 PINTURA AUTOMOTRIZ

El proceso de pintura aplica las diferentes capas protectoras necesarias para asegurar que el BiW es resistente a la corrosión. Esto incluye no sólo las películas protectoras de pintura en la carcasa del vehículo, sino también las aplicaciones necesarias de sellado debajo del cuerpo, PVC y cera. También el proceso de pintura controla el aspecto final de la carcasa del vehículo a través de sus características de color y brillo. El esquema principal de la línea de pintura se muestra en la Figura 3.2, que muestra las diferentes actividades dentro de las líneas de pintura[12].

3.5.1 Aplicación de pintura por el método de inmersión

Procesos de revestimiento por inmersión El primer proceso en la secuencia de pintura es el acondicionamiento y limpieza del BiW que llega desde la línea de soldadura de cuerpo. El proceso de limpieza está destinado a limpiar y eliminar todos los aceites de molinos de acero, lubricantes de estampación y otros lodos de soldadura y contaminantes. Estos contaminantes no sólo afectan a la apariencia de las películas de pintura aplicadas, sino también a la adhesión e integridad de las capas de pintura, ya que cualquier contaminante superficial afecta a la energía superficial de los paneles. El segundo paso en el proceso de pretratamiento (después de la limpieza) se denomina proceso de acondicionamiento que ayuda a promover la adhesión de la película de pintura y reduce la reacción del metal a la pintura, particularmente con superficies galvanizadas y finalmente mejora la resistencia a la corrosión[12].

El proceso de acondicionamiento se compone típicamente de los siguientes pasos funcionales:
• Limpieza
• Enjuague
• Acondicionamiento
• Recubrimiento de conversión
• Enjuague
• Tratamiento posterior y enjuague con agua des ionizada

Figura 3.2: Actividades típicas en el departamento de pintura[12].

3.5.2 Pintura y su proceso de manufactura

Cuando la pintura se descubrió por primera vez en los días antiguos, se produjo mezclando una resina natural de una planta o árbol con colorantes naturales de la tierra o plantas. Los ingredientes se trituraron juntos en algún tipo de recipiente. No fue muy duradero, pero permitió que la gente creara el arte y la ilustración. Fabricación moderna de pinturas es mucho más sofisticado, pero todavía implica un proceso de mezcla para dispersar pigmento en un sistema de vehículo. El sistema de vehículo, típicamente una resina o un material de tipo barniz, se carga primero en un molino con ayudas más finas y de molienda. Se añaden pigmentos y extensores. El molino es entonces operado hasta que las partículas de pigmento se descomponen y se dispersan uniformemente para crear una pasta de moler. La pasta de molienda se extiende con resinas adicionales y diluyente y cayó en un tanque delgado-abajo. Allí, se añaden otros materiales al tanque para hacer el producto terminado. En este punto, se introduce una muestra del material en el laboratorio de control de calidad y una serie de pruebas se realizan para comparar el frente a los parámetros estándar que está diseñado para cumplir. Los técnicos entrenados evalúan los resultados y luego hacer ajustes para la coincidencia de colores y otras características tales como viscosidad y brillo. Además de los ajustes normales realizados en lotes, los controles de calidad se realizan durante todo el ciclo de fabricación.

Cuando la pintura en el tanque cumple todas las especificaciones prescritas, el control de calidad lo aprueba para su llenado. La pintura se filtra a continuación para estirar cualquier gran o indeseado partículas y se llenan en recipientes. La operación más crítica en el proceso de fabricación es la molienda de pasta proceso.

Aquí es donde los pigmentos sólidos se descomponen en sus partículas más finas tamaño en las resinas, disolventes y aditivos (el sistema del vehículo)[7].

3.5.3Métodos de aplicación por spray

La pintura se puede aplicar a un sustrato de muchas maneras diferentes. Cada método tiene ventajas y limitaciones. Las necesidades del producto y del proceso de fabricación ayuda a determinar el método de aplicación correcto. Una comprensión de los diferentes los procesos de aplicación es necesario para evaluarlos para una tarea específica.

La mayoría de los sistemas de pintura industrial aplican revestimientos líquidos con equipos de pulverización. Los líquidos se suministran desde un recipiente a un dispositivo de pulverización que utiliza presión para romper la corriente de líquido en finas gotitas. La distribución uniforme de la pintura líquida en una niebla finamente dividida de gotitas se llama atomización. Hay varios tipos de pistolas pulverizadoras y diferentes métodos de atomización y control de patrones que para controlar la calidad y la eficiencia.

• El aerosol de aire (air-spray) es uno de los primeros métodos de atomización. Un dispositivo de pulverización de aire mezcla una corriente de aire de alta velocidad con una corriente de fluido a baja velocidad y la fricción resultante crea las gotitas de pintura.

• La atomización hidráulica se produce cuando una lámina de fluido de alta formado por un pequeño orificio en la punta de la pistola de pulverización, atmósfera. La fricción resultante provoca la atomización en gotitas.

• La atomización centrífuga se produce cuando se introduce una corriente de fluido parte posterior de un disco que está girando a alta velocidad. La fuerza centrífuga del disco rotativo entrega la pintura al borde del disco y lo rompe en una niebla fina.

Hay ciertas características que todos los aplicadores de pulverización tienen en común, pero cada uno dispositivo de pulverización diferente tiene diferencias particulares que lo hacen caber con una cierta aplicación.

Una comprensión de los diferentes aplicadores y sus fortalezas es útil en la selección del dispositivo correcto para una aplicación particular[7].

PISTOLA DE AIRE

Los sistemas de rociado sin aire utilizan la presión hidráulica para forzar el fluido a través de una punta de rociado o a alta presión. La combinación de presión y tamaño del orificio crea un patrón. Los tamaños de los orificios están catalogados por capacidad de flujo y grado de ángulo de pulverización. Una pistola airless no utiliza aire comprimido para la atomización, por lo que no hay aire con puertos de atomización como los que se encuentran en una pistola de pulverización de aire. Solo hay una posición de disparo, completamente abierta. Un sistema air-less funciona con una bomba de alta presión que suministra fluido a la pistola incline a 500-6000 psi y fuerza el fluido a través del orificio. Los sistemas Air-less se pueden usar con calentadores para reducir la viscosidad de la pulverización y mejorar calidad del acabado. El calentador ayuda a controlar la viscosidad de la aspersión por su consistencia y puede ser particularmente útil con materiales más gruesos.

PISTOLAS DE AEROSOLES AIR-ASSISTED AIRLESS (AAA)

El AAA gun utiliza una presión de fluido inferior (típicamente 400-800 psi) con una punta sin aire y una boquilla de aire para la atomización. Esta combinación de elementos proporciona una aplicación más rápida del material que el atomizador de aire atomizado proporciona, reduce la pulverización y el rebote, y proporciona suficiente velocidad hacia adelante para penetrar en algunos rebajes y cavidades. El rango de presión utilizado con pistolas de pulverización AAA es mucho mayor hoy en día para los sólidos altos y ultra altos materiales sólidos.

AAA no proporciona la atomización fina necesaria para una calidad extremadamente alta acabados Es muy popular en la industria de acabado de madera donde las manchas, selladores, rellenos, esmaltes, lacas y materiales de poliuretano son comunes. Es también muy efectivo para aplicaciones que requieren alta-TE, baja sobre-pulverización, aplicación rápida y modesta apariencia.

APLICACIÓN ELECTROSTATICA

La aplicación electrostática está diseñada para mejorar la atracción del material de pintura a una superficie tierra-puesta a tierra. Las características básicas de la pistola de pulverización son las mismas, pero se utiliza una fuente de alimentación para proporcionar tensión y cargar el material de recubrimiento pulverizado.

La atracción electrostática utiliza la ciencia elemental donde dos superficies que la misma carga se repelan entre sí ya diferencia de los cargos se atraen. Se agrega carga eléctrica de alto voltaje a las partículas de pintura atomizada a medida que salen el arma. Un generador de voltaje está conectado a un electrodo en la punta de la pistola. El voltaje fuente puede ser externa o interna. Cuando se dispara la pistola, las descargas del electrodo un campo concentrado de iones negativos. Las partículas de pintura viajan a través de esta área ionizada y se cargan con iones negativos. Las partículas cargadas de pintura atomizada se dirigen hacia la tierra puesta a tierra parte de la pistola pulverizadora. A medida que se aproximan a la superficie objetivo, la carga electrostática crea una atracción fuerte a la superficie de la pieza. Las partículas cargadas son fuertemente atraídas a todas las superficies desnudas de la parte conectada a tierra, algunas de las partículas que se llevan a lo ancho de la pieza por aire comprimido se dibujan a la parte posterior y los bordes, un fenómeno denominado "envoltura electrostática".

envolverse alrededor de los bordes puede ser beneficioso en algunas partes, pero puede tener un beneficio limitado si no se requiere cobertura en la parte posterior de la pieza. Las gotitas de pintura atomizada serán atraídas hacia el mejor terreno disponible. Es importante mantener[7].

3.6 MÉTODOS DE APLICACIÓN ALTERNOS, RECUBRIMIENTO POR INMERSIÓN

En una aplicación de revestimiento por inmersión, la pieza se sumerge simplemente en un depósito de pintura. Exceso los drenajes de pintura de nuevo en el tanque una vez que la parte se retira. Las piezas pueden manejarse en lotes o con un transportador.

Los tanques de inmersión pueden ser construidos en cualquier tamaño necesario para piezas pequeñas o grandes. Las provisiones deben para la circulación, filtrado y control de temperaturas y viscosidad. Porque del riesgo de incendio, las operaciones de inmersión con pinturas inflamables deben con sistemas de extinción de incendios de CO2 y tanques de descarga.

Ventajas del revestimiento por inmersión
• Equipos sencillos
• Necesidad de mano de obra poco calificada
• Fácilmente automatizado
• Trasiego de piezas
• Diversas formas de las piezas pueden mezclarse
• Se pierde poca pintura si se deja que la pieza gotee sobre el tanque

Limitaciones del revestimiento por inmersión
• El control de la viscosidad es fundamental. Si la pintura es demasiado viscosa, se utilizado (desperdicio) y el grosor de la película es demasiado alto. La baja viscosidad resulta en pintar películas demasiado finas. Por consiguiente, la resistencia a la corrosión puede ser demasiado baja para imprimaciones y poder de ocultación puede ser inadecuada para capas finales.
• Posible sedimentación de la pintura en el sistema de circulación.

• Es posible una contaminación gradual del tanque. Las piezas que entren en el tanque deben limpiar y secar para evitar el transporte de contaminantes.

• Algunas partes son difíciles de sumergir, porque el aire atrapado las mantiene a flote.

• Los tanques deben ser lo suficientemente grandes como para sumergir toda la pieza.

• Existe un riesgo de incendio y toxicidad asociado con grandes volúmenes de pintura disolventes.

• El control del grosor de la película es un problema. La pintura puede quedar atrapada en los huecos y drenar lentamente o no en absoluto. En superficies verticales, la pintura tiende a ser más grueso en la parte inferior de un panel que en la parte superior. Esto es causado por un aumento en viscosidad cuando la pintura pierde disolvente mientras se drena. A menudo resulta en grasas

bordes que pueden romperse más adelante bajo choque térmico o mecánico.

• El área de drenaje debe limpiarse regularmente. Dado que esto suele hacerse manualmente, alguna pintura seca puede caer en el sistema de circulación y obstruir los filtros, las bombas y las boquillas[7].

La Figura 3.3 muestra un compuesto de algunas aplicaciones de aleaciones de aluminio en un sedán típico, sin considerar el diseño del cuerpo, carrocería. De los siete millones de toneladas de aluminio que se utilizan en todo el mundo en la fabricación de automóviles, la mayoría (~ 80%) está en forma de piezas de fundición para componentes del tren motriz, aunque la mayoría de los vehículos automotrices también contienen componentes de radiador y condensador de diez de aleaciones de aluminio AA1200 y AA3005, esta última en forma de chapa de soldadura fuerte (aleación AA3005 unida metalúrgicamente con una aleación de soldadura Al-Si). La gama de aleaciones de aluminio que se muestra en la Figura 3.3 es ejemplar, pero no universal. De hecho, el universo de aleaciones de aluminio en aplicaciones automotrices es muy grande. Estas aleaciones son modificadas en muchos casos por pequeñas adiciones de aleación, pero dentro de las especificaciones químicas requeridas por las normas respectivas, y sus parámetros de procesamiento (fundición, laminación, extrusión, forja, tratamiento térmico, soldadura, acabado superficial, etc.) propiedades en el componente acabado adaptado a los requisitos de rendimiento del automóvil. Como se ha mencionado anteriormente, las aleaciones de aluminio utilizadas en aplicaciones automotrices son mucho más numerosas que las clases de materiales competitivos para emparejar la aleación con el rendimiento de un componente automotriz dado y porque las aleaciones de aluminio pueden ser formuladas como forjadas o moldeadas, tipos de procesamiento. Por lo tanto, las aleaciones de aluminio forjado están disponibles como chapa o placa, extrusiones, forjados, impactos e incluso formas semisólidas; las aleaciones de fundición de aluminio se pueden moldear mediante una amplia variedad de procesos de colada en formas complejas de red cercana o neta o formadas por procesamiento semisólido. En las tablas

II y III se enumeran algunas aleaciones de aluminio coladas y forjadas y sus posibles aplicaciones automotrices. La composición química y las especificaciones de propiedades mecánicas de estas aleaciones se dan en las normas publicadas y están fácilmente disponibles en los proveedores de aluminio.

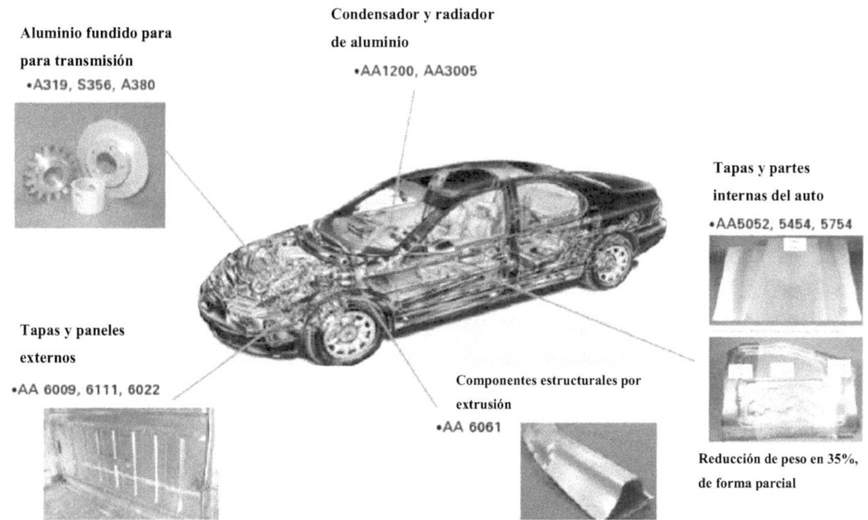

Figura 3.3: Típicas aleaciones de aluminio automotriz[5].

3.7.1 Fundición de aleaciones de aluminio en vehículos automotores ligeros

Aunque se usaron motores de aluminio fundido en muchos automóviles tempranos, p. el sedán convertible Marmon V-16 de 1931 y el sedán Packard 1932 construido en Estados Unidos, la tendencia hacia el uso de piezas fundidas de aleación de aluminio en muchas aplicaciones de propulsión automotriz en Norteamérica comenzó realmente en los años 50 y ha crecido sustancialmente desde entonces. Los procesos de colada utilizados para producir componentes de automóviles a partir de aleaciones de aluminio son muchos e incluyen colada en arena, moldeo permanente, colada a presión de baja y alta presión, colada de espuma perdida, colada de espuma perdida presurizada, procesos de fundición a alta integridad (descritos más adelante) recientemente desarrollado proceso de fundición de ablación. Una distinción entre América del Norte y Europa es que gran parte del contenido de aluminio en los vehículos de América del Norte está en piezas de fundición para motores y sistemas de propulsión, mientras que Europa, con sus vehículos más pequeños, utiliza más de hoja de aluminio y extrusiones en aplicaciones no del sistema de propulsión, tales como las estructuras del cuerpo y tapas.

Tabla II: Aplicación automotriz para aleaciones de aluminio fundido [5].

Número de aleación de aluminio	Aplicación en el sector automotriz	Ejemplo
Serie 2xx.x		
201.1,204.0, 206.0, 208.0, 295.0	Elementos estructurales, culatas de cilindros, pistones, bielas, balancines, carcasas de engranajes, cabezas de cilindros para motores de gasolina y diésel.	
Serie 3xx.x		
319.0, 332.0, 335.0, 339.0, 356.0, A356.0, 357.0, A380.0, 383.0, 390.0 / A390.0 / B390.0	Cilindros, cárteres, piezas de motor internas, pistones, poleas y poleas de motor de gasolina y diésel, ruedas, piezas de fundición del chasis, bloques de motor, aplicaciones de alto desgaste	

Tabla III: Aplicación automotriz para aleaciones de aluminio forjado [5].

Número de aleación de aluminio	Aplicación en el sector automotriz	Ejemplo
Serie 1000		
1100 y 1200	Molduras, placas de identificación, tubos y aletas de condensador extruidas	
Serie 2000		

2000, 2008, 2010, 2011, 2017, 2024, 2036, 2111, 2117.	Paneles de carrocería exterior o interior o aplicaciones estructurales, partes de máquinas de tornillo, cierres mecánicos, cinturones exteriores e interiores, placas de la carrocería, pisos de la carga, cáscaras del asiento.
Serie 3000	
3002 3003 3004 3005 3102	Bordes, placas de identificación Tubos de radiador soldados, radiador, calentador y tubos de salida, para radiadores, calentadores y evaporadores Paneles interiores y componentes Aletas soldadas para radiadores, intercambiadores y evaporadores
Serie 4000	
4032 4043	Pistones y piezas de servicio de alta temperatura Alambre de soldadura para soldadura MIG / TIG de todas las aleaciones de aluminio forjado y fundido
Serie 5000	
5005 5052 5252 5182 5356 5456 5454 5457 5657 754	Bordes, placas de identificación Paneles y componentes interiores, paragolpes, miembros de refuerzo, Alambre de relleno de soldadura para MIG / TIG w (> 3% Mg) Placa de armadura Ruedas, soportes de motor y soportes, estructuras soldadas diversas, protectores contra salpicaduras, escudos térmicos, bandejas y cubiertas de filtro de aire, partes estructurales, pisos de carga.

Serie 6000		
6009	Paneles exteriores e interiores de la carrocería, pisos	
6005	de carga, barras laterales de parachoques, refuerzos	
6010	de parachoques, partes estructurales y soldadas,	
6016	asientos, colectores ABS, cajas de frenos, pistones de	
6020	freno, válvulas de transmisión y mangas, impactos	
6053	Cierres mecánicos	
6061	Componentes de carrocería extrudidos, partes de	
6063	suspensión (forjadas), ejes de transmisión (tubos),	
6070	culatas de transmisión (impactos y piezas forjadas),	
6082	piezas de soporte de neumáticos de repuesto	
6111	(extrudidas), refuerzos de parachoques, sujetadores	
6262	mecánicos, sistemas de suministro de combustible	
6463		
Serie 7000		
7003	Rieles de asientos, refuerzos de parachoques, brazos	
7004	de suspensión y control forjados	
7021		
7033		

3.8 SOFTWARE DE SIMULACIÓN

Con la creciente sofisticación del equipo y software para computadoras, la simulación por computadora de los procesos y sistemas de manufactura ha avanzado con rapidez.

La simulación tiene dos formas básicas:

• Es un modelo de operación específica que tiene el propósito de determinar la viabilidad de un proceso u optimizar o mejorar su desempeño.

• Modela múltiples procesos y sus interacciones para ayudar a los planeadores de procesos y diseñadores de plantas en la disposición de la maquinaria e instalaciones.

Se han modelado procesos individuales utilizando diversos esquemas matemáticos (ver Figura 3.4). De manera creciente, se ha aplicado el análisis de elementos finitos en los paquetes (simulación de procesos) disponibles comercialmente y son poco costosos. Los problemas comunes enfocados son la viabilidad de los procesos (como la formabilidad de la lámina metálica en cierta matriz o dado) y la optimización del proceso (como flujo del material en el forjado de una matriz determinada a fin de identificar defectos potenciales, o diseños de moldes en fundición para eliminar puntos calientes, promover un enfriamiento uniforme y minimizar los defectos).

La simulación de todo un sistema de manufactura que comprende procesos y equipos múltiples ayuda a los ingenieros de planta a organizar la maquinaria e identificar elementos críticos de la misma. Además, dichos modelos pueden ayudar a los ingenieros de manufactura con la programación y las rutas (mediante simulación de eventos discretos). Para estas simulaciones se utilizan paquetes de software disponibles comercialmente, pero también se pueden desarrollar programas de software escritos para una compañía específica[13].

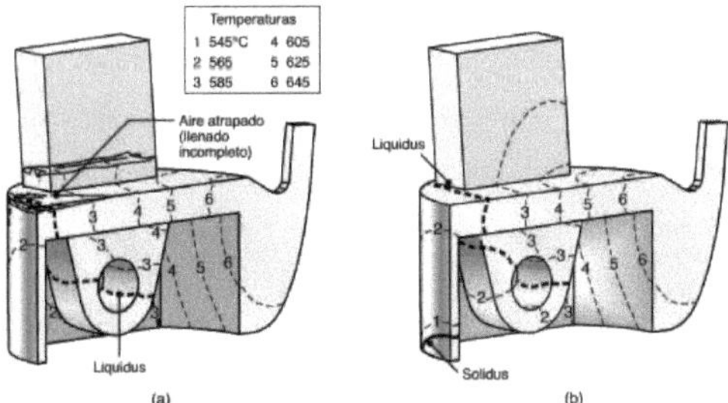

Figura 3.4: Simulación de llenado de un molde y solidificación. (a) 3.7 segundos después del inicio de vaciado. (b) Utilizando respiraderos en el molde para retirar el aire atrapado, 5 segundos después del vaciado[13].

3.9 PROPIEDADES FÍSICAS Y QUÍMICAS

3.9.1 Viscosidad

Uno de los factores físicos a controlar es la viscosidad (μ), la Figura 3.5a muestra el comportamiento de la viscosidad con el tiempo. La viscosidad incrementa de manera exponencial con tiempo; el incremento de la μ se debe a que ocurre la polimerización del material partiendo de una solución líquida sol hasta la formación del sólido que se denomina como gel (Figura 3.5b). El tiempo que se requiere para la formación del gel, así como los valores de viscosidad dependen del sistema que se está polimerizando; entonces, se tienen soluciones sol que gelifican en minutos y otras que tardan horas o hasta días.

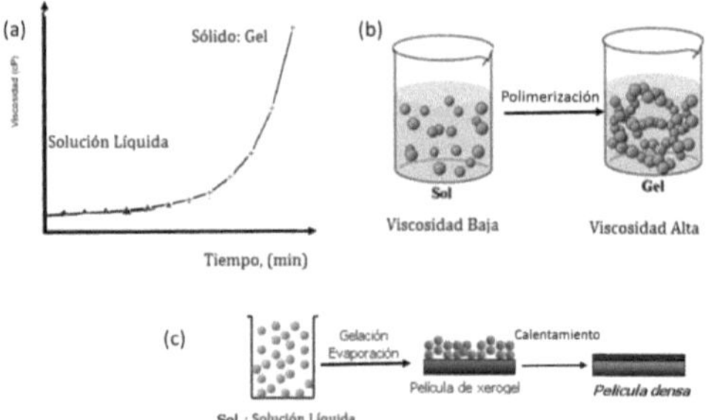

Figura 3.5. (a) Curva de gelificación (b) Proceso de Gelificación (c) Formación de Recubrimientos por sol-gel [26].

La Figura 3.5 c muestra el proceso de formación de un recubrimiento empleando una solución sol, donde la solución debe ser depositada en la superficie y de acuerdo con la evaporación del disolvente se promueve la polimerización para obtener el gel como un recubrimiento homogéneo, la homogeneidad de éste se incrementa al aplicar un tratamiento térmico de densificación. Entonces, la viscosidad de la solución controla varios aspectos físicos de los recubrimientos como son: la extensibilidad (capacidad de recubrir la superficie), homogeneidad y espesor del mismo. El espesor del recubrimiento se puede determinar de acuerdo con la Ecuación 4.1; donde h denota el espesor, μ viscosidad de la solución sol, V_I velocidad de inmersión, r densidad de la sol y g la gravedad [26].

$$h = \left(\frac{\mu V_I}{\rho g}\right)^{1/2} \tag{3.2}$$

Ecuación 3.2: Viscosidad especifica [26].

3.9.2 Adherencia: Métodos de tracción

El dispositivo PosiTest AT-A para medir la adherencia por tracción, es uno de los cuales tiene el menor grado de incertidumbre según la norma ASTM D4541 – 09 ya que por su diseño de sujeción que se puede observar en la Figura 3.6 (b), este se compone de un Dolly con cabeza curva que permite auto-alinearse con la base de sujeción y asegurar que la fuerza aplicada será de forma perpendicular.

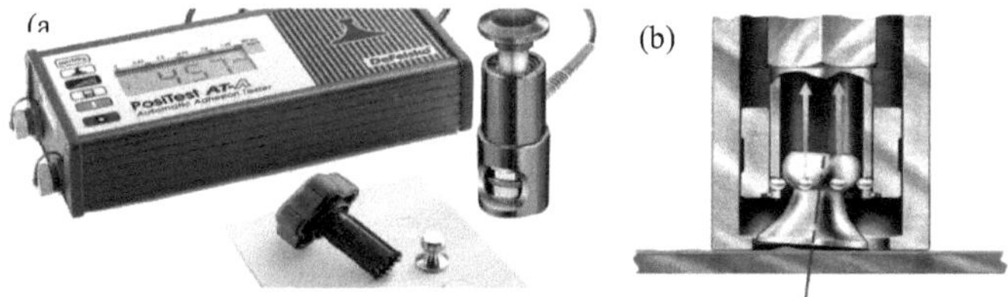

Figura 3.6: (a) PosiTest AT-A, (b) Dolly con dispositivo de auto-alineación. [25]

La adherencia es una propiedad de la materia por la cual se juntan dos superficies de sustancias iguales o diferentes cuando entran en contacto, manteniéndose unidas por fuerzas intermoleculares; es decir es la resistencia de los recubrimientos para ser separados del sustrato. Uno de los métodos más empleados para la determinación de la adherencia es la determinación de la resistencia de desprendimiento de los recubrimientos "Pull-off adhesión"; que se regula con la norma ASTM-4541 y se recomienda para recubrimientos delgados con espesores menores a 5 mils1 (12.7 μm) [25].

En este método se mide el esfuerzo necesario para lograr el desprendimiento o la ruptura del recubrimiento. Para ello se emplea un dispositivo denominado Dolly, el cual se pega al recubrimiento; el recubrimiento puede estar constituido por una o más capas (véase Figura 3.7a). El pegamento empleado varía dependiendo del tipo de recubrimiento y rugosidad de la película, para metales y cerámicos se recomienda utilizar resinas epóxicas [27].

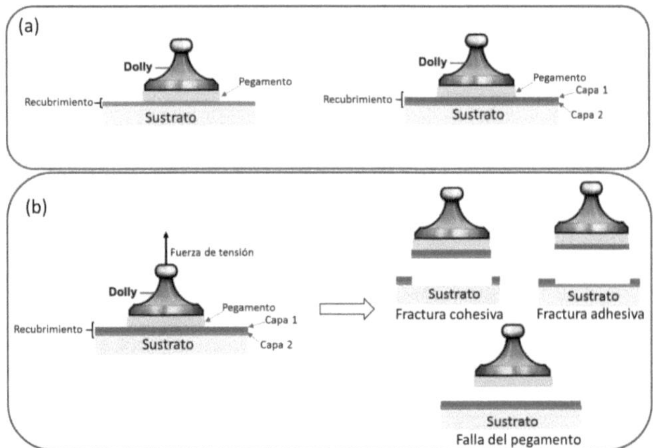

Figura 3.7 (a) Recubrimientos empleados en la medición de adherencia (b) funcionamiento de pull-off adhesión test [28].

Una vez que el dolly es adherido al recubrimiento se aplica una fuerza de tensión (pull-off strength) hasta medir la tensión requerida para lograr el desprendimiento o ruptura de la película (véase Figura 3.7b). Dos tipos de fractura pueden ser observadas:

1) Fractura cohesiva, cuando todo el recubrimiento es desprendido junto con el dolly; la fractura se origina en la interface del sustrato y el recubrimiento.
2) Fractura adhesiva; sólo parte del recubrimiento se desprende junto con el dolly, es decir la fractura se origina entre las capas del recubrimiento.
3) Falla del pegamento; no existe adherencia entre el pegamento y el recubrimiento, por lo cual se desprende el dolly junto con el pegamento empleado. En este caso el ensayo falla.

3.9.3 Espesor

El espesor es una propiedad en los recubrimientos que determina el comportamiento del mismo, ya que recubrimientos muy delgados tienden a desgastarse en menor tiempo. Sin embargo, el espesor depende de la estabilidad química que éste tenga ante el ambiente en el que es expuesto, se busca obtener recubrimientos más gruesos ante agentes corrosivos fuertes. Por otra parte, cualquiera que sea el recubrimiento (grueso o delgado) éste debe cubrir y adaptarse a la rugosidad de la superficie (véase Figura 3.8) ya que, si el recubrimiento se deposita sobre la superficie dejando zonas sin recubrir, éste presenta poca adherencia a la superficie y fácilmente puede ser desprendido de la superficie. Por lo cual, se depositan recubrimientos gruesos en superficies altamente rugosas; mientras que si la superficie tiene baja rugosidad se puede depositar recubrimientos delgados en el orden de los nm. La Tabla IV indica los espesores que comúnmente son observados en los diferentes tipos de recubrimiento empleados en la industria automotriz.

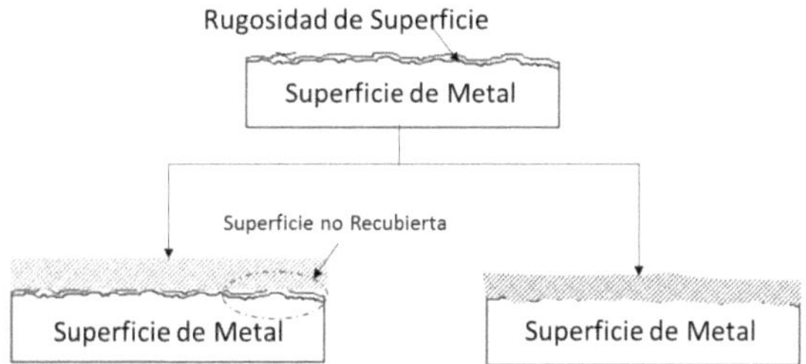

Figura 3.8 Depósito de recubrimiento en superficies rugosas [34].

En la siguiente tabla podeos observar los diferentes espesores de los recubrimientos que actualmente se les dan a las estructuras automotrices (chasis), que de acuerdo a la literatura son las plasmadas en la siguiente Tabla IV.

Tabla IV: Espesores de recubrimientos automotrices [7, 29, 11 y 15].

Recubrimiento	Espesor
Pintura Automotriz [7]	38 µm
Galvanizado [29]	75-150 µm
Fosfatado [11]	1–10 µm
Oxido de aluminio(pasivación) [11]	10– 20 µm
ORMOSIL-UIPIIG [15]	20 - 120 µm

3.9.4 Velocidad de corrosión

Uno de los parámetros que se manejaron pare verificar la fiabilidad de los nuevos recubrimientos, es la velocidad de corrosión. El método más simple para medir este fenómeno es a partir de ensayos gravimétricos, donde se coloca una probeta del metal a analizar en el ambiente corrosivo el cual puede ser una solución ácida, alcalina, salina, sulfuro, etc. El tiempo de exposición varía de acuerdo con la norma empleada, éste puede ser desde horas hasta días o meses de acuerdo con la concentración del agente corrosivo empleado. El objetivo de este ensayo es determinar la velocidad de pérdida másica en el material ocasionada por su exposición al medio corrosivo; dicha velocidad se determina por la Ecuación 4.2 [20].

$$Vc = \frac{\text{Pérdida de masa (g)} * K}{\text{Densidad de la aleación } \left(\frac{g}{cm^3}\right) * \text{Área expuesta (cm}^2) * \text{Tiempo expuesto}} \qquad (3.3)$$

Ecuación 3.3: velocidad de corrosión [20].

Capítulo IV Método

4.1 ESTRUCTURA DE LA INVESTIGACIÓN

La Figura 4.1 muestra las etapas del desarrollo del presente proyecto; como primer punto, se tiene la necesidad de investigar si el nuevo recubrimiento desarrollado en nuestra unidad académica (ORMOSIL-UPIIG) se puede escalar a nivel industrial en el sector automotriz. Para ello, se requiere como primera Etapa la validación de la síntesis del recubrimiento a través de indicadores como son las propiedades físico-químicas del recubrimiento (adherencia, velocidad de corrosión, espesor). Entonces, es necesario identificar las variables de síntesis que pueden modificar las propiedades mismo; tales como lo es el tiempo de gelificación. Una vez definidas las condiciones de síntesis que proporcionan la formación de un recubrimiento con propiedades ópticas como anticorrosivo para el Al-6061 se procede a definir el método de aplicación y la simulación con un software especializado conocido como FlexSim, Etapa 2 del Proyecto. En la simulación del proceso se pretende comprobar que las variables identificadas en la primera etapa (Definición de variables de síntesis) pueden ser escaladas para la producción de un recubrimiento a nivel industrial. Entonces, se analizan condiciones de operación como son el volumen mínimo necesario para la tina de inmersión, el costo del recubrimiento, la cantidad de volumen de recubrimiento necesario para cubrir un área específica. Si los resultados en la simulación indican la factibilidad de escalamiento del recubrimiento se procede a comparar el costo del mismo con el anticorrosivo ya existente en el mercado.

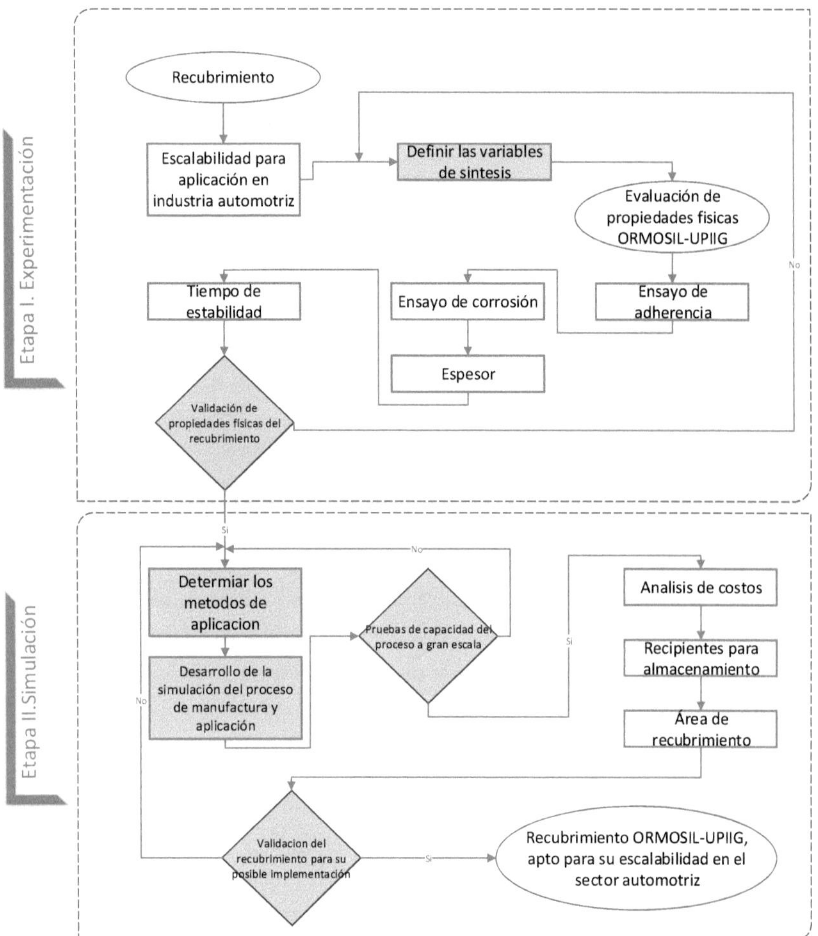

Figura 4.1. Diagrama de flujo con etapas que componen el desarrollo de la investigación.

4.2 PARÁMETROS A CONTROLAR

Los parámetros que deben ser controlados dependen de la etapa de desarrollo; en la Tabla V se resumen los parámetros que se deben controlar en cada etapa, así como los alcances de los mismos. En las secciones siguientes se describe el principio físico de cada uno de ellos, así como su importancia en la validación de la síntesis y el escalamiento del recubrimiento.

Tabla V: Parámetros a controlar en el desarrollo del proyecto.

Parámetros a Controlar			
Primera Etapa		Segunda Etapa	
Parámetro	Alcance del Parámetro	Parámetro	Alcance del Parámetro
Variables de síntesis: reacción química, temperatura y agitación	Comportamiento de la solución en diferentes escenarios.	Método de aplicación	selección del método adecuado acorde a la autoparte de estudio
Viscosidad-tiempo de estabilidad	Variable sol-gel que controla el espesor del recubrimiento y nos define un periodo de tiempo en el cual se puede utilizar el recubrimiento	Tiempo de Estabilidad de la Sol (simulación)	El periodo de tiempo durante el cual puede ser aplicado el recubrimiento sin que se modifiquen las propiedades del mismo es de vital importancia para extrapolarlo a la simulación
Adherencia	Propiedad física que determina la eficiencia del recubrimiento	Volumen de ORMOCER-UPIIG para recubrir	
Espesor	Propiedad física que determina el tiempo de uso del recubrimiento	Volumen de la tina de inmersión	Estos parámetros permiten determinar el costo final del recubrimiento, y la relación volumen-área recubierta
Corrosión	Prueba química que determina el tiempo de vida útil ante ambientes agresivos químicamente		

4.3 INDICADORES

La Tabla VI indica los valores de referencia que deben ser considerados para los diferentes parámetros a controlar; estos indicadores tienen como finalidad guiar las condiciones de síntesis que garanticen las propiedades necesarias en el recubrimiento ORMOSIL-UPIIG para que este pueda ser empleado a nivel industrial.

Tabla VI: Indicadores para los parámetros a controlar [23,25].

	Parámetro a Controlar	Indicador	Observaciones
Etapa 1: Experimentación	Viscosidad	Curva de Gelificación. Obtención de una solución con tiempo de gelificación mayor a 3 horas.	Se obtendrá para cada formulación de ORMOSIL-UPIIG y se determinaran tiempos de estabilidad de la solución.
	Adherencia	Adherencia de Silicona Comercial F_d=39-119 N [23]	Se medirá la Fuerza requerida para el desprendimiento (F_d) del recubrimiento
	Espesor	Espesor de ORMOSIL-UPIIG reportado por C. Salazar-Hernández y colaboradores 20-120 µm. Ver Tabla IV.	El espesor de las probetas será medido por microscopia electrónica de barrido.
	Velocidad de Corrosión	Criterios de NACE [24, 33] | Resistencia a la Corrosión	Velocidad de Corrosión (MPY)
---	---
Extraordinaria	< 1
Excelente	1-5
Buena	5-20
Aceptable	20-50		Se busca que la resistencia a la de corrosión medida para las diferentes muestras de ORMOSIL-UPIIG sean de buenas a excelentes.

		Pobre	50-200
		Inaceptable	>200
Etapa 2: Simulación	Volumen	Relación costo - Pintura automotriz	Con todos los parámetros e indicadores seleccionados, se procederá a realizar una simulación a través de un software de procesos de manufactura para analizar los tiempos ciclo de la manufactura del anticorrosivo y el tiempo del proceso de aplicación del mismo.

4.4 IMPLEMENTACIÓN DEL MÉTODO

4.4.1 Variables de síntesis

La Figura 4.2 describe la metodología para la aplicación del ORMOSIL-UPIIG en las superficies de aluminio; se empleó una lámina de aluminio 6061 con espesor de 1 mm. Antes de aplicar el recubrimiento la superficie es pre-tratada para eliminar impurezas; dicho tratamiento consistió en desbastar la superficie con papel abrasivo para eliminar impurezas, posteriormente se realizó un lavado con alcohol etílico empleando un baño ultrasónico (Ultrasonic Cleaner- Intertek Listed; capacidad de 90 a 480 segundos) y finalmente se dejó secar a temperatura ambiente durante diez minutos. La aplicación de la solución sol de ORMOSIL-UPIIG (TEOS/PDMS) al substrato se realizó con la técnica de inmersión (dip-coating) en la cual se incluye la preparación de la sol, su aplicación y secado para finalmente evaluar por inspección la calidad del recubrimiento.

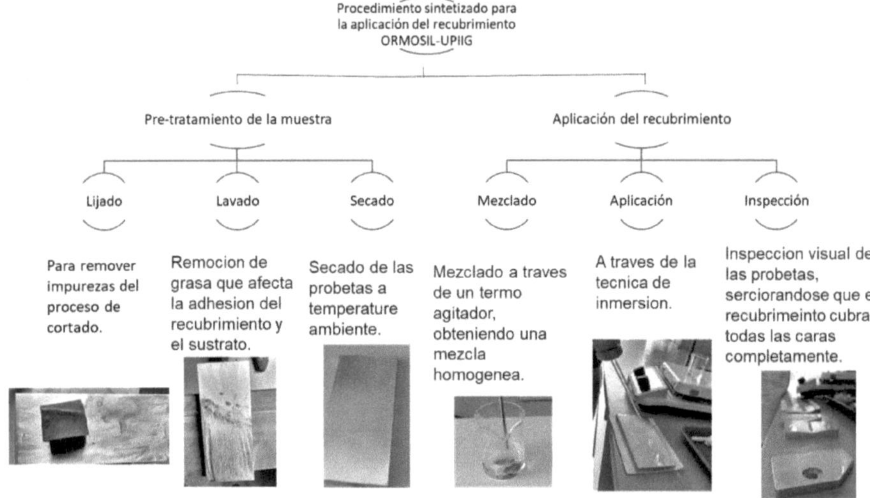

Figura 4.2: Descripción de la metodología para la aplicación del ORMOSIL-UPIIG.

La Figura 4.3 muestra la metodología de síntesis empleada para la obtención de los recubrimientos cerámicos; la síntesis fue basada en lo reportado por C. Salazar-Hernández y colaboradores [16]. La solución sol fue preparada mezclando los precursores cerámicos que son: Tetraetil-ortosilicato (TEOS,

Aldrich 99%), Poli-dimetil-siloxano (PDMS, 25 cSt Gelest), Dibutil-dilaurato de estaño (DBTL, 99% Aldrich). La sol fue obtenida bajo tres condiciones diferentes (M1, M2 y M3).

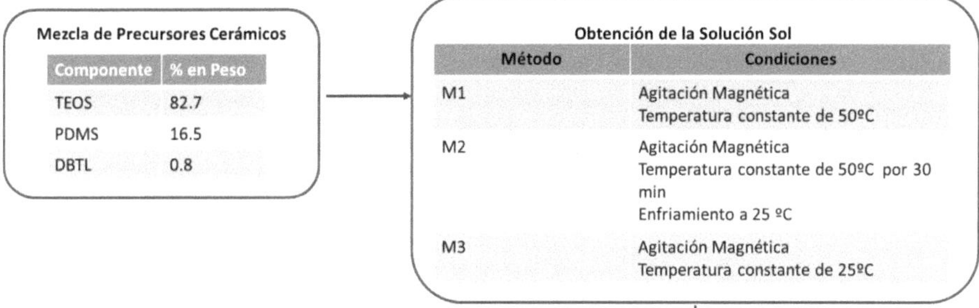

Figura 4.3: Síntesis resumida para la obtención del recubrimiento ORMOSIL-UPIIG

4.4.2 Geometría de las probetas

Las probetas que se utilizaron para las pruebas de laboratorio fueron de lámina de aluminio 6061 (Al-6061) con un espesor de 1 mm. La geometría que se utilizó para las pruebas de adherencia, espesor y velocidad de corrosión se muestra en la Figura 4.4; a todas las probetas se les realizó una perforación superior de 3.18 mm de diámetro con la finalidad de poder ajustarla al banco de corrosión. Además, para mejorar la adherencia del recubrimiento en la superficie del metal, todas las probetas se sometieron a un pulido y lavado ultrasónico con etanol.

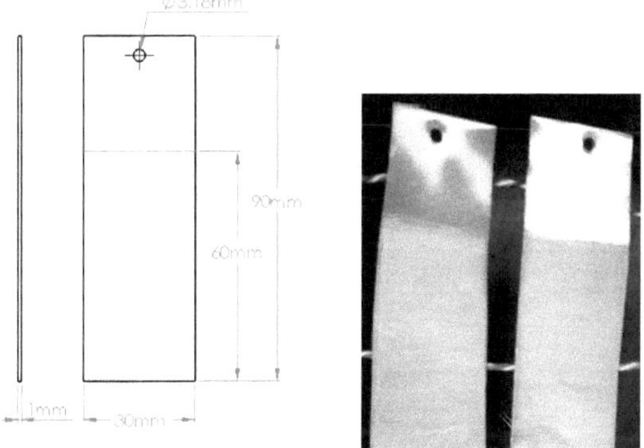

Figura 4.4: Geometría de probeta.

4.4.3 Aplicación del recubrimiento

Actualmente se disponen de diversos métodos de aplicación de pintura, de los cuales tienen sus ventajas y desventajas. Algunos están destinados a ser más prácticos y rápidos en el momento de su aplicación, pero no aseguran la calidad y cantidad de pintura que se deposita. En la Tabla VII, se muestra una breve comparativa con el método de aplicación por spray y el método de aplicación por inmersión.

Tabla VII: Ventajas y desventajas entre la aplicación spray e inmersión. [22, 30].

características comunes	Spray	Inmersión
Ventajas:		
Velocidad operativa	-Elevada velocidad operativa	La velocidad del proceso es elevada y con baja eliminación de solventes; las pérdidas de pintura son muy reducidas. Utilizada en pequeñas piezas para la producción en serie
Preparación previa	•Excelente acabado en sustratos porosos y en aquéllos diseñados con ángulos agudos y bordes.	-La inmersión convencional requiere sólo una superficie de calidad moderada, pero de volumen limitado y sin ángulos o bordes agudos
Calidad de la película	-La atomización es muy fina y generalmente la calidad de la película es muy buena; ésta se forma por fusión de las pequeñas gotas ya depositadas sobre el sustrato.	uno de los parámetros fundamentales para este tipo de aplicación son los tiempos de inmersión y de salida de la pieza a recubrir, ya que de esta forma será nuestro acabado final
Espesor	-El espesor de película es uniforme y casi siempre libre de irregularidades provenientes de la aplicación.	-En general, la eficiencia de la aplicación es muy buena, pero con espesores de película variables según la geometría de la pieza.

Desventajas:		
Desperdicio de material	-Elevada pérdida de material ("overspray"), particularmente en objetos pequeños.	particularmente se hace para recubrir piezas a gran escala, por lo que el material queda intacto y posterior a reutilización
Solventes	-Alta eliminación de solventes volátiles debido a la requerida dilución previa para lograr la atomización y el propio "overspray".	-Exhaustivo control del contenido de sólidos debido a la continua vaporización de los solventes (agua o de naturaleza orgánica), una agitación constante para evitar la sedimentación de los pigmentos en productos de baja viscosidad y una regulación de la temperatura del baño para lograr una eficiente aplicación.
Cuidado minucioso	-Riesgos de defectos en la película debido a la niebla del "spray". -Sólida experiencia en el empleo de estos pulverizadores por parte de los aplicadores.	-Especial cuidado en la velocidad de la inmersión/remoción del sustrato, sumado a una correcta (tipo y cantidad) de agentes tensioactivos, debe contemplarse para evitar la formación de burbujas generadoras de discontinuidades en la película.

El recubrimiento fue aplicado a la superficie de Al-6061 por inmersión, la cual consiste en introducir el metal en la solución sol a una velocidad constante (calcular un promedio) para posteriormente sacarla la pieza mojada y dejar secar a temperatura ambiente (véase Figura 4.5a). La aplicación del recubrimiento fue realizada a diferentes tiempos para determinar el periodo de estabilidad de la sol. El secado fue realizado como se indica en la Figura 4.5b, a 25°C y por 24 hrs.

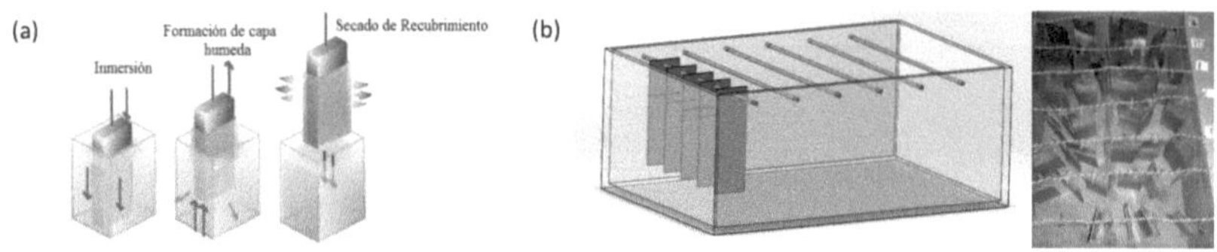

Figura 4.5: (a) Método de Inmersión (b) Secado de las probetas.

4.4.4 Curva de viscosidad: Determinación de la estabilidad de la solución

El tiempo de gelificación de la solución se determinó a través de las curvas de viscosidad Vs tiempo; este dato permitió diseñar el proceso de aplicación del recubrimiento por inmersión. La viscosidad de la disolución fue medida en un viscosímetro Brookfield V2RLV con adaptador UL y re-circulador TC-650 controlando la temperatura de medición a 25°C.

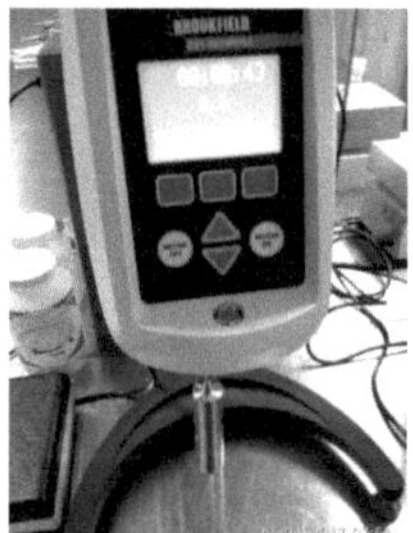

Figura 4.6: viscosímetro Brookfield V2RLV.

4.4.5 Ensayos de adherencia

Las pruebas de adherencia se realizaron con un equipo PosiTest AT-A; este equipo evalúa la adhesión de un recubrimiento en base a la fuerza de tensión máxima que se registra en el momento que el recubrimiento se remueve del substrato; el diseño del equipo, así como la prueba se basaron en las normas ASTM D4541, D7234 e ISO 4624 [17]. Para ello es necesario pegar al recubrimiento un dolly, la **Figura 4.7** muestra los dolly adheridos al recubrimiento empleando resina epóxica con una relación de componentes de 1:2 en volumen.

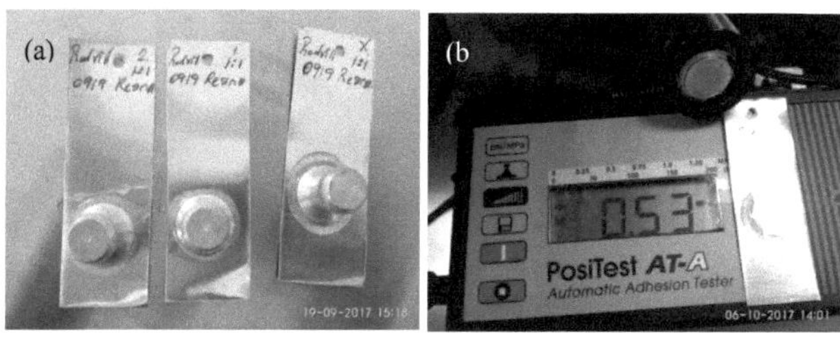

Figura 4.7: Ensayo de adherencia (a) Muestras con resina epóxica para las pruebas de adherencia de acuerdo a la norma ASTM D4541 (b) Resultado de la prueba de adherencia.

4.4.6 Medición del Espesor

El espesor del recubrimiento fue medido por microscopia electrónica de barrido en un Microscopio Electrónico de Barrido (MEB) JOEL-6510 plus; las muestras se colocan en una cintilla de grafito sin ser recubiertas con oro para ser observadas a 500X. Además, se puede analizar químicamente y saber los componentes de cada uno de los recubrimientos con el analizador de electrones dispersos (EDS).

Figura 4.8: Microscopio Electrónico de Barrido (MEB) JOEL-6510 plus.

4.4.7 Ensayo de corrosión galvánica por el método gravimétrico

Para desarrollar este ensayo de corrosión, se tomó como base la norma ASTM-B117[31] en donde menciona que el ambiente salino (NaCl al 5% en peso) [32]; una forma de ver la perdida de material debido a la corrosión, se utilizó el banco de corrosión DIT-105 Peaktech (véase Figura 4.9). La pila galvánica se formó colocando el aluminio con y sin recubrimientos como ánodo y como cátodo se empleó una varilla de grafito y fuente de potencia permitió mantener constante una corriente de 0.5A con una duración de 90 minutos.

Figura 4.9: Prueba de corrosión galvanométrica en banco de corrosión DIT-105 Peaktech.

4.4.8 Tiempo de estabilidad de la solución

El recubrimiento anticorrosivo ORMOSIL-UPIIG tiene un tiempo de estabilidad que se debe de controlar, ya que por sus características químicas este se va gelificando conforme pasa el tiempo (Ver Figura 3.5 (a)) lo que nos orilla a tomar medidas preventivas para determinar cuál es el periodo de vida útil de nuestro recubrimiento.

Figura 4.10 Muestras de una solución con PDMS-12 a 30, 150 y 270 minutos de agitación.

4.4.9 Volumen de ORMOCER-UPIIG/área

El método de aplicación que se utilizó para depositar el recubrimiento ORMOSIL-UPIIG fue el de inmersión, debido a que se ajusta a las necesidades económicas y con fines académicos del proyecto. Debido a que nuestro tiempo de gelificacion es diverso en nuestros tres métodos de experimentación, posterior a nuestra serie de pruebas se determinaran los intervalos más adecuados para su aplicación sin que comprometa las propiedades del mismo. Dejando muy en claro que el total del recubrimiento no se podrá aprovechar al 100% debido a que sus características de síntesis le brindan ciertas horas de estabilidad y uso en las autopartes.

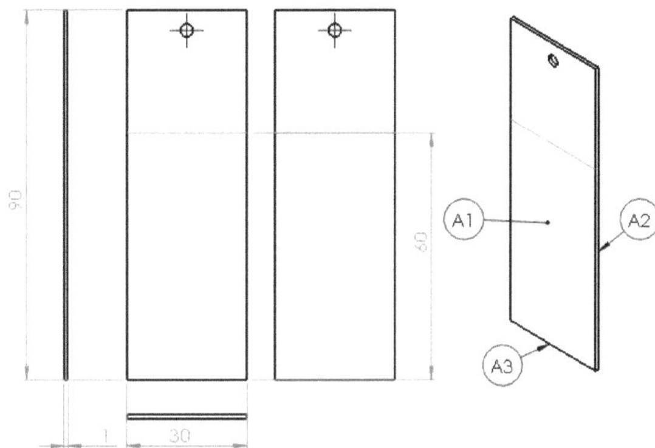

Figura 4.11: Desarrollo plano de la probeta con globos informativos de las caras recubiertas.

El área de la pieza a recubrir es fundamental para realizar la escalación del mismo, como método de experimentación se utilizaron unas probetas en las que a través del área recubierta se obtendrán relaciones como de volumen/área (ml/mm^2) de recubrimiento. En la Tabla VIII se ejemplifica el área que se utilizó para poder determinar la cantidad de mililitros que se requieren para cubrir nuestra área.

Tabla VIII: Área plana de la pieza a recubrir.

	Área por sección (mm)
A1	2(30*60)
A2	2(1*60)
A3	1*30

4.4.10 Volumen de Tina de Inmersión

De acuerdo al método de aplicación que se utilizó para hacer la experimentación, a continuación, se muestran los posibles arreglos de las tinas de inmersión que se utilizarían de acuerdo a el tamaño de la muestra a recubrir y la forma en que se pretenden recubrir sin tomar en cuenta la velocidad con la que este tiene que ser recubierto cuando están en una producción en serie.

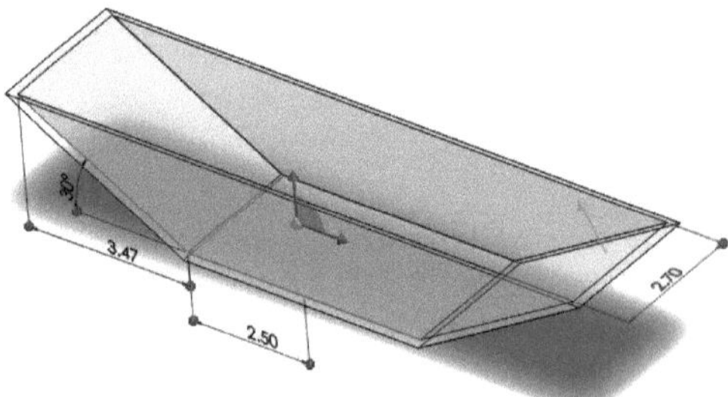

Figura 4.12: Tina de inmersión (versión 1) para proceso de aplicación del recubrimiento en serie de la carrocería de un Jetta serie 5. Unidades en metros.

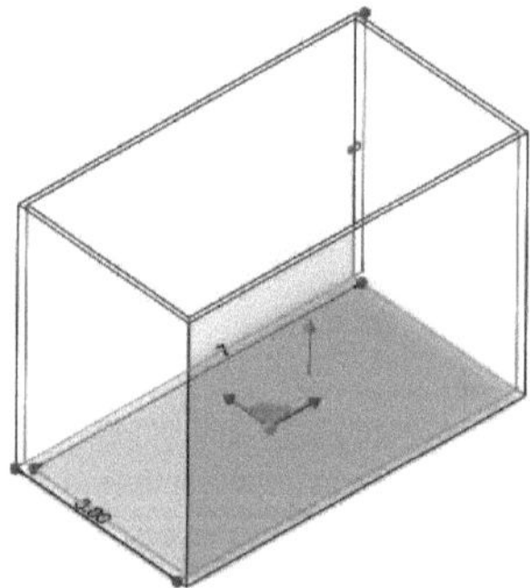

Figura 4.13: Tina de inmersión (versión 2) para proceso de aplicación del recubrimiento en serie de la carrocería de un Jetta serie 5.

Capítulo V Resultados

5.1 Resultados de parámetros e indicadores

Los parámetros que deben ser controlados y sus respectivos indicadores dependen de la etapa de desarrollo; en la Tabla IX se resumen los resultados para los parámetros e indicadores correspondientes que se llevaron a prueba en cada etapa, así como los alcances de los mismos.

Tabla IX: Parámetros con sus respectivos resultados.

<table>
<tr><th></th><th>Parámetro</th><th>Indicador</th><th>Resultado</th></tr>
<tr><td rowspan="3">Primera etapa: experimentación.</td><td>Variables de síntesis: reacción química, temperatura y agitación</td><td>Ninguno</td><td>Porcentaje de mezcla para los diferentes compuestos del anticorrosivo y estudio del comportamiento en tres escenarios.
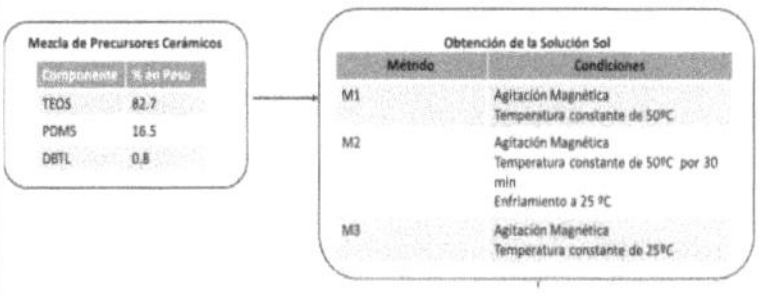

Figura 4.3: Síntesis resumida para la obtención del recubrimiento ORMOSIL-UPIIG</td></tr>
<tr><td>Viscosidad -tiempo de estabilidad</td><td>Curva de Gelificación.

Obtención de una solución con tiempo de gelificación mayor a 3 horas.</td><td>Tabla X: Viscosidad máxima de la solución.
<table><tr><th>Nombre del método</th><th>Viscosidad promedio [mPa]</th><th>Tiempo de aplicación [mins]</th></tr><tr><td>M1</td><td>1.89</td><td>30-150</td></tr><tr><td>M2</td><td>1.73</td><td>30-210</td></tr><tr><td>M3</td><td>1.84</td><td>30-270</td></tr></table></td></tr>
<tr><td>Adherencia</td><td>Adherencia de Silicona Comercial

F_d=39-119 N [23]</td><td>Tabla XI: Resultados de las pruebas de adherencia para los tres métodos (MPa).</td></tr>
</table>

	Tiempo	prueba 1	prueba 2	prueba 3	Promedio	Desviación estándar
M1	30 mins	0.26	0.27	0.28	0.27	1%
M1	90 mins	0.27	0.26	0.26	0.263	1%
M1	150 mins	0.21	0.24	0.26	0.236	3%
M2	90 mins	0.26	0.15	0.15	0.186	6%
M2	150 mins	0.3	0.24	0.26	0.266	3%
M2	210 mins	0.28	0.17	0.26	0.236	6%
M3	90 mins	0.23	0.15	0.26	0.213	6%
M3	150 mins	0.38	0.26	0.19	0.276	10%
M3	210 mins	0.17	0.24	0.2	0.203	4%

Espesor		

Tabla IV: Espesores de recubrimientos automotrices [7, 29, 11 y 15].

Recubrimiento	**Espesor**
Pintura Automotriz [7]	38 µm
Galvanizado [29]	75-150 µm
Fosfatado [11]	1–10 µm
Oxido de aluminio(pasivación) [11]	10– 20 µm
ORMOSIL-UIPIIG [15]	20 - 120 µm

Tabla XII: Espesor de probetas características por método y tiempo de muestra.

Método	Tiempo [minutos]	Espesor [µm]
M1	30	137.1729
M1	90	138.8912
M1	150	147.1822
M1	210	251.4924
M1	270	459.1602
M2	30	102.9277
M2	90	125.1159
M2	150	145.9234
M2	210	159.2234
M2	270	229.5801
M2	330	355.664
M3	30	108.4143
M3	90	138.7014
M3	150	142.8202
M3	210	147.003
M3	270	154.8603
M3	330	250.3371
M3	390	562.3542
M3	450	725.9961
M3	510	918.3205
M3	570	1124.708

Corrosión		

Criterios de NACE [24, 33]

Tabla XIII: Comparativa del recubrimiento ORMOSIL-UPIIG y los ya existentes.

Resistencia a	Velocidad

Recubrimiento	Velocidad	Clasificación

		la Corrosión	de Corrosión (MPY)		de corrosión	de acuerdo a NACE [33]
				M1	27.17 (de 90 – 150 mins)	Aceptable
		Extraordinaria	< 1			
		Excelente	1-5			
		Buena	5-20	M2	186.6 (de 90 – 210 mins)	Pobre
		Aceptable	20-50			
		Pobre	50-200			
		Inaceptable	>200	M3	174.86 (solo en 150 mins)	Pobre
		Criterios de NACE: MPY<1: extraordinaria; 1-5 Excelente; 5-20 Buena; 20-50 Aceptable; 50-200 Pobre; >200 Inaceptable.				
				Pintura automotriz [36]	11.05	Buena
				Recubrimiento orgánico [36]	28.65	Aceptable
Segunda etapa: simulación.	Método de aplicación	Ninguno		Tabla VII: Ventajas y desventajas entre la aplicación spray e inmersión. [22, 30].		
	Tiempo de Estabilidad de la Sol (simulación)	Ninguno		Tabla X: Viscosidad máxima de la solución.		

Tabla VII: Ventajas y desventajas entre la aplicación spray e inmersión. [22, 30].

características comunes	Spray	Inmersión
Ventajas:		
Espesor	uniforme y libre de irregularidades	Eficiencia buena con espesores variados
Geometria de las piezas	sustratos porosos y aquellos con ángulos y bordes agudos	Superficie de calidad moderada para piezas sin ángulos y bordes agudos
Velocidad operativa	media	elevada
Desventajas:		
Desperdicio	elevado en objetos pequeños	Nulo por ser reutilizable
solventes	alto uso para dilución previa y lograr la atomización	Exhaustivo control, agitacion constante para controlar densidad y temperatura constante.
acabado	defectos por niebla	velocidad de inmersión/remoción

Tabla X: Viscosidad máxima de la solución.

Nombre del método	Viscosidad promedio [mPa]	Tiempo de aplicación [mins]

		M1	1.89	30-150	
		M2	1.73	30-210	
		M3	1.84	30-270	
Volumen de ORMOCER-UPIIG para recubrir	Relación costo - Pintura automotriz	En promedio se utiliza 114 mililitros/m2 para el recubrimiento de las probetas.			
Volumen de la tina de inmersión	Ninguno	Los volúmenes propuestos en el capítulo IV, fueron diseñados para hacer el recubrimiento del chasis automotriz. Debido a que se desconocía el área superficial de la misma, se optó por proponer una simulación de una salpicadera.			

5.2 EVALUACIÓN Y ANÁLISIS DE RESULTADOS

5.2.1 Morfología

El microanálisis de elementos para los recubrimientos se realizó por Microscopia Electrónica de Barrido (EDS-MEB) empleando un equipo JEOL JSM-6010 PLUS. La Tabla XIV indica los porcentajes en masa de los elementos identificados por EDS-MEB y los correspondientes reportados en la hoja de especificaciones para el Al-6061, el aluminio empleado tiene como principales aleantes al hierro (Fe) y manganeso (Mn) y se encuentra casi el 3% de oxígeno, un componente que no debería encontrarse en la aleación. La Figura 5.1 muestra la morfología observada para la superficie del Al-6061, donde se puede observar cúmulos que fueron formados durante el proceso de abrasión (remarcados con un círculo rojo) entonces, es probable que la abrasión forme óxidos metálicos.

Tabla XIV: Comparativa de los elementos que componen a las probetas y las medidas en el EDS [35].

Elemento químico	Al-6061	
	Datasheet [% en masa]	EDS-MEB [% en masa]
Al	95.8 - 98.6	94.72
Cr	0.04 - 0.35	
Cu	0.15 – 0.4	
Fe	0.7 máx.	1.09
Mg	0.8 – 1.2	
Mn	0.15 máx.	1.24
Si	0.4 – 0.8	
Ti	0.15 máx.	
Zn	0.25 máx.	
Otros	0.2 máx.	
O		2.95

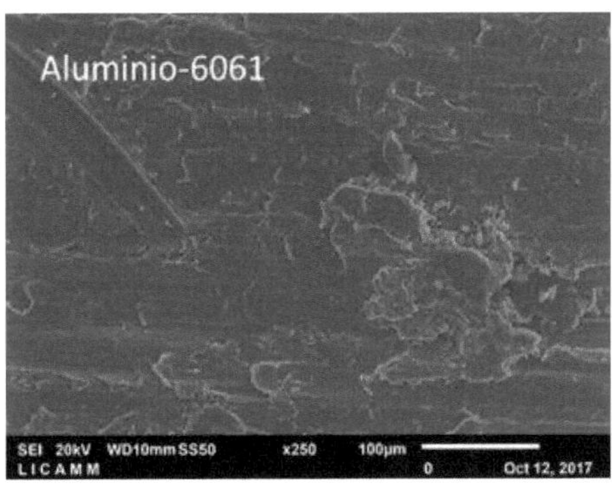

Figura 5.1: Aluminio-6061 a 250X.

La Figura 5.2 muestra la distribución de los aleantes identificados sobre la superficie del aluminio, se puede identificar una distribución homogénea de Mn en la superficie y que el cúmulo formado por la abrasión no contiene aluminio; en esta zona se encuentra la distribuido el oxígeno y el fierro; por lo que, se puede indicar que se trata de un óxido de fierro ya depositado en la superficie del metal que podría afectar el comportamiento anticorrosivo de los recubrimientos cerámicos depositado en el aluminio.

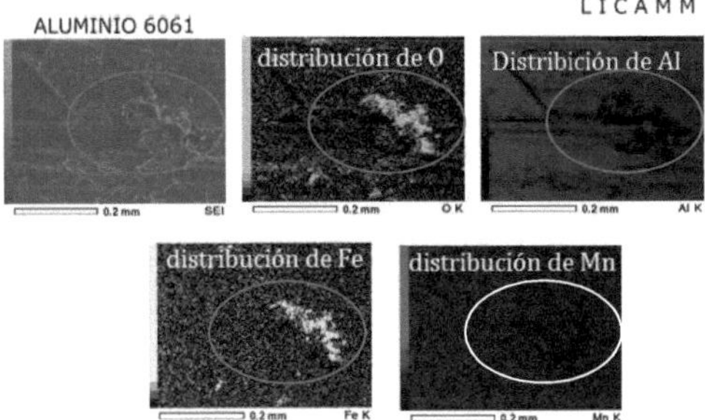

Figura 5.2 Distribución de los elementos componentes del Al-6061 realizado por EDS-MEB.

La uniformidad del recubrimiento depositado fue observado por MEB que se acotan en la Figura 5.3, como se puede apreciar en la primera hilera de imágenes (obtenidas a 1000X) el recubrimiento depositado por el método M1 fueron micro esferas, mientras que los métodos M2 y M3 formaron recubrimientos más homogéneos. La segunda hilera muestra los recubrimientos observados a 250X donde se observa que el espesor de los recubrimientos es muy delgado ya que se conserva la rugosidad de la superficie del aluminio. En el caso del recubrimiento depositado por el M1 no alcanza a recubrir toda la superficie, se observaron espacios sin recubrir que se indican con flechas rojas, esto podría afectar el comportamiento anticorrosivo.

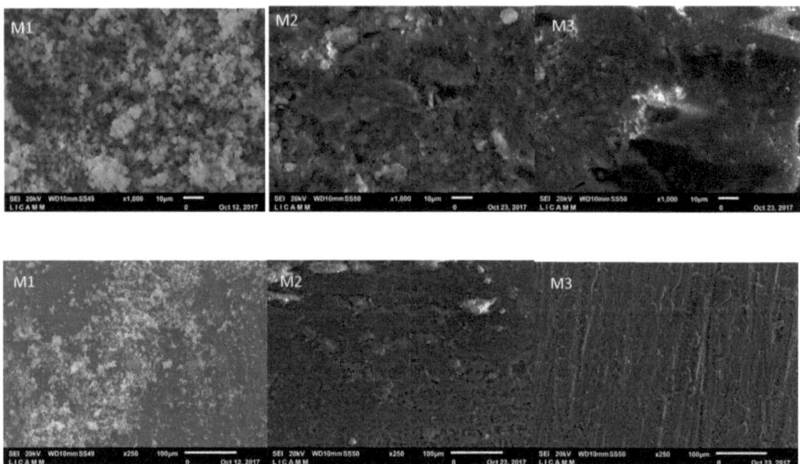

Figura 5.3: Fotografías de muestras con recubrimiento; primera fila a 1000 micrómetros y segunda fila a 250 micrómetros.

5.2.2 Viscosidad y tiempo de estabilidad

La Figura 5.4 muestra las tres curvas representativas del ensayo de viscosidad que se tomó durante el proceso de gelificación del recubrimiento ORMOSIL-UPIIG variando el método de aplicación. Se puede apreciar una línea divisoria, la cual indica un límite de estabilidad que permite emplearlo sin que este cambie de manera drástica su viscosidad (gelificación). Este límite establece un periodo de uso para los recubrimientos, el cual fue de 150 mins para el método M1, 210 mins para el M2 y 270 mins para el M3.

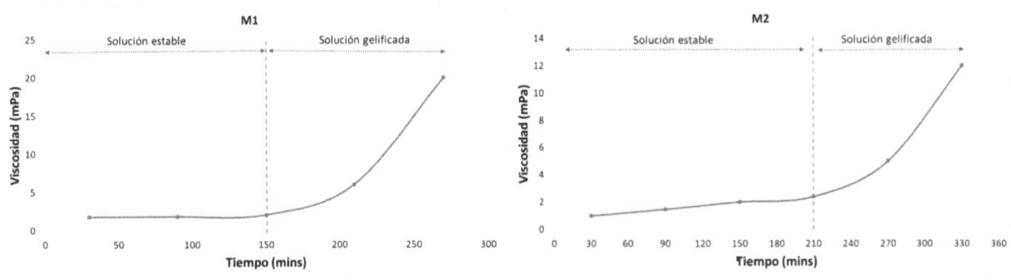

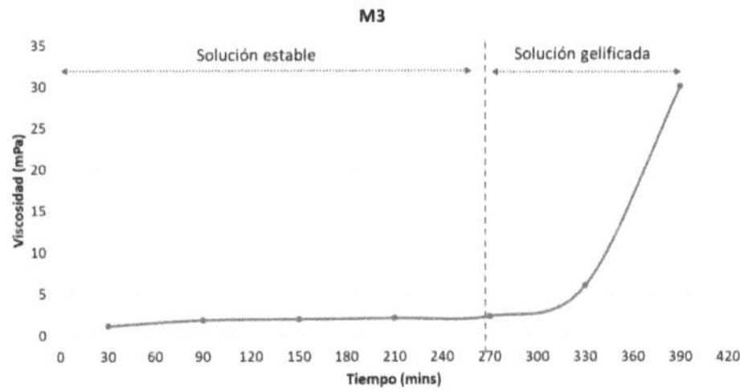

Figura 5.4: Gráficas de viscosidad para los métodos M1, M2 y M3.

La Tabla X indica la viscosidad promedio de la solución sol y el tiempo de estabilidad que se tiene para su aplicación; se puede observar que el método M1 presentó parámetros muy similares a los otros dos métodos aun cuando el tipo de material depositado fue muy diferente, con este método se depositaron partículas esféricas por lo que se puede indicar que la temperatura afecta considerablemente el proceso de gelificación incrementando la velocidad de condensación entre el TEOS y el PDMS.

Tabla X: Viscosidad máxima de la solución.

Nombre del método	Viscosidad promedio [mPa]	Tiempo de aplicación [mins]
M1	1.89	30-150
M2	1.73	30-210
M3	1.84	30-270

5.2.3 Adherencia

De acuerdo a la norma ASTM D4541 (*tensile pull-off method*) que se tomó de referencia para la realización de las pruebas de adherencia con el dispositivo PosiTest AT-A. Para la realización de este ensayo primero se determinó la mezcla más óptima que debe emplearse entre los componentes de resina (pegamento); resultando la relación 1:2 (de la mezcla A y B) el pegamento que genero menos margen de error. La Tabla XI muestra los valores de adherencia determinados para el recubrimiento ORMOSIL-UPIIG en sus diferentes métodos de aplicación y tiempos de muestra; observando un valor promedio de 0.27 MPa como esfuerzo requerido para lograr el desprendimiento del recubrimiento.

Tabla XI: Resultados de las pruebas de adherencia para los tres métodos (MPa).

	Tiempo	prueba 1	prueba 2	prueba 3	Promedio	Desviación estándar
	30 mins	0.26	0.27	0.28	0.27	1%
M1	90 mins	0.27	0.26	0.26	0.263	1%
	150 mins	0.21	0.24	0.26	0.236	3%
	90 mins	0.26	0.15	0.15	0.186	6%
M2	150 mins	0.3	0.24	0.26	0.266	3%
	210 mins	0.28	0.17	0.26	0.236	6%
	90 mins	0.23	0.15	0.26	0.213	6%
M3	150 mins	0.38	0.26	0.19	0.276	10%
	210 mins	0.17	0.24	0.2	0.203	4%

La Figura 5.5 representa las curvas características del ensayo de adherencia que se llevó a cabo con un dispositivo automático. Se puede observar la diferencia abismal entre el primer método y los otros dos; debido a que en los últimos dos métodos no se realizaron pruebas de adherencia, ya que se hizo una discriminación de los mejores valores de corrosión. El método uno es quien presenta un mejor comportamiento de adherencia respecto al tiempo de las probetas, caso contrario para las mediciones obtenidas en los siguientes métodos en donde incluso hay una desviación del 5%.

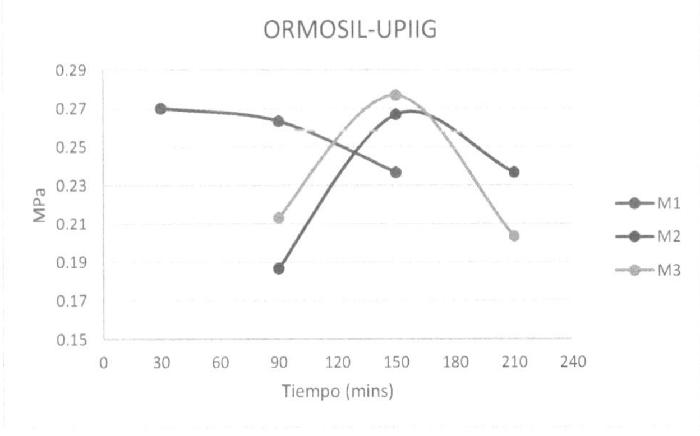

Figura 5.5: Ensayo de adherencia para M1, M2 y M3.

5.2.4 Espesor del recubrimiento

La Figura 5.6 muestra la fotografía a nivel microscópico el espesor de una probeta con recubrimiento que fue analizada en el MEB, facilitado por la UG. Los tamaños de los escalones son de 11.144 y 7.434 µm respectivamente. En la Tabla XII, se pueden apreciar las variaciones de los espesores que se calcularon respecto a la viscosidad de recubrimiento en que se aplicó, es porque podemos encontrar espesores más grandes a medida que el tiempo de la prueba aumento.

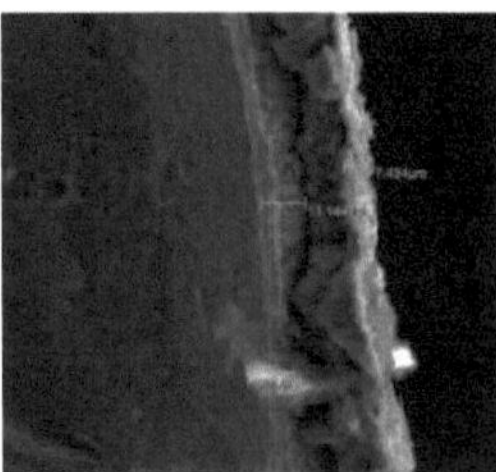

Figura 5.6: Espesor de la capa del recubrimiento depositado en la probeta.

Tabla XII: Espesor de probetas características por método y tiempo de muestra.

Método	Tiempo [minutos]	Espesor [µm]
M1	30	137.1729
	90	138.8912
	150	147.1822
	210	251.4924
	270	459.1602
M2	30	102.9277
	90	125.1159
	150	145.9234
	210	159.2234
	270	229.5801
	330	355.664
M3	30	108.4143
	90	138.7014
	150	142.8202
	210	147.003
	270	154.8603
	330	250.3371
	390	562.3542
	450	725.9961
	510	918.3205
	570	1124.708

5.2.5 Ensayo de corrosión

En la Figura 5.7 se muestra las tres curvas características de los métodos de experimentación que se hicieron en el banco de pruebas de corrosión galvanométrica. Las tres muestras se comportan de forma semejante durante los primeros 150 minutos, posteriormente la M1 comienza a perder masa de forma exponencial y algo semejante sucede con la M3, caso contrario con la M2 quien mantiene la velocidad de corrosión hasta los 210 minutos.

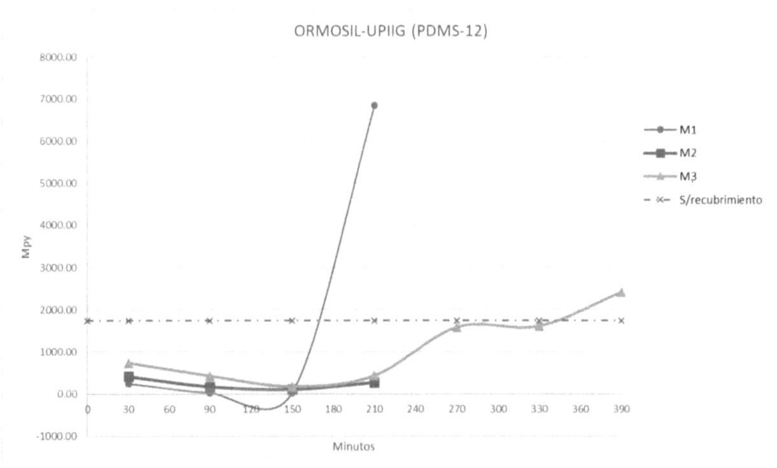

Figura 5.7: Ensayo de corrosión para M1, M2 y M3.

Los valores representados en la Figura 5.7, muestran que la mezcla M1 es la que mejor lidia con las pruebas de corrosión; representando los menores valores posibles en un periodo de 150 minutos. De acuerdo a la NACE, los diversos rangos de los anticorrosivos van desde inaceptables con un valor mayor de 200 Mpy hasta los extraordinarios que tienen un valor menos a 1 Mpy. Los rangos de valores NACE que se destinan para los anticorrosivos automotrices están de 20 a 50 Mpy, denominándolos aceptables. Así, el recubrimiento anticorrosivo del método M1, cumple con la clasificación NACE para aplicarse en un periodo de 150 minutos.

Tabla XIII: Comparativa del recubrimiento ORMOSIL-UPIIG y los ya existentes.

Recubrimiento	Velocidad de corrosión	Clasificación de acuerdo a NACE [33]
M1	27.17 (de 90 – 150 mins)	Aceptable
M2	186.6 (de 90 – 210 mins)	Pobre
M3	174.86 (solo en 150 mins)	Pobre
Pintura automotriz [36]	11.05	Buena
Recubrimiento orgánico [36]	28.65	Aceptable

Criterios de NACE: MPY<1: extraordinaria; 1-5 Excelente; 5-20 Buena; 20-50 Aceptable; 50-200 Pobre; >200 Inaceptable.

La Figura 5.8 ejemplifica las fotografías tomadas en el MEB para probetas sin corroerse y después de haber corroído. A simple vista podemos ver que la fotografía 1' Oxidada tiene perforaciones debido a la corrosión por picadura, ya que la solución que fungió como ambiente corrosivo formo burbujeo lo cual dio cabida a lo mostrado en la imagen. Las siguientes muestras oxidadas ejemplifican la superficie de la probeta que, si bien se corroyeron, pero no se afectó la estructura del material de forma definida.

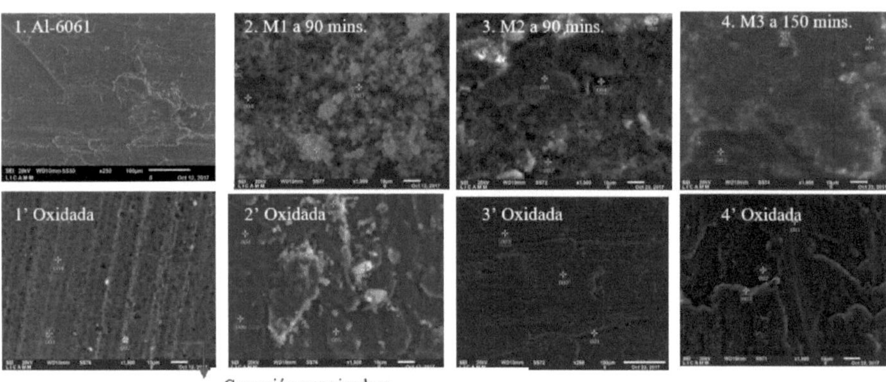

Figura 5.8: Fotografías tomadas en el Microscopio de Electrones de Barrido (SEM) a 10 y 100 micrómetros.

En la Tabla XV se puede observar diversos datos que están relacionados con los microanálisis que se realizaron en los puntos de la Figura 5.8. Las muestras oxidadas que no tienen recubrimiento, tienes dos peculiaridades: la primera es que tiene impureza de Sílice, Sodio y Calcio que directamente son atribuibles a la solución de agua destilada y cloruro de sodio con un poco de ácido clorhídrico; la segunda es que las dos muestras siguientes se les puede notar pequeño porcentaje de Fierro que muy posiblemente fue por la abrasión creada al momento de lijar la superficie.

Tabla XV: Comparación de EDS para las láminas sin recubrimiento y oxidadas.

Elemento químico	Al-6061				M1									M2							M3					
	Sin oxidar	Oxidada			Sin oxidar				Oxidada					Sin oxidar				Oxidada			Sin oxidar			Oxidada		
	1	1'002	1'003	1'004	1.002	1.003	1.004	1.005	1'002	1'003	1'004	1'005	1'006	1.001	1.002	1.003	1.004	1'001	1'002	1'003	1.001	1.002	1.003	1'001	1'002	1'003
Al	94.7	43.2	86.5	86.7	2	9.61	54.9	62.8	3.19	24.8	56.3	54.7	62	69.5	12.4		71.4							72.7	29	58.6
Fe	1.09		1.67					0.38				0.29	0.33	0.41			0.52		0.21					0.33		
Mn	1.24	0.54	1.61	1.46										0.92	0.12		1.61									
O	2.95	35.2	5.93	11.8	48	28.5	14.6	7.71	35.7	32.8	14.4	13.5	9.07	9.91	37.5	34.9	3.28	28.9	2.18	26.4	37.5	35.9	32.2	5.19	9.97	9.78
Si		19.1							26.5	12.4	4.01	5.36	4.01		22.9	29.4	23.2	40.1	77.2	43.7	27.8	31.8	32.7		2.2	
Na		0.66							0.34	0.25								0.29	0.06	0.44					0.19	
Ca		0.14	3.34						0.15	0.34	0.09								0.96							
S			0.28																							
C					27.3	16.3	21.9	13	32.7	27.3	24.7	24.9	24	19.3	25.3	34.4		28.9	14.6	27.4	33.3	30.1	33.2	20.9	58.4	31.1
Ag												0.65														
Mg										1.4																
Sn															1.88	1.38					1.48	2.27	1.92			

En el M1 se puede observar el porcentaje significativo que se puede encontrar de Aluminio, ya que las placas que se ocuparon como muestra fueron las que se tomaron a los 90 minutos de agitación y calentamiento; la homogenización no se logra apreciar debido a que el recubrimiento no se logró depositar de forma satisfactoria lo que provocó que hubiera huecos en algunas partes y de la misma manera exceso de recubrimiento en otras. Por su parte, las muestras de M2 que se oxidaron tuvieron resultados benéficos ya que la mínima capa que se depositó en su superficie logro resistir el ataque corrosivo y perdurar con porcentajes superiores al 40% Si. En las pruebas de M3, no se logró proteger completamente el material debido a que presentan huecos que aceleraron la corrosión y provoco una perdida prematura del recubrimiento.

La Figura 5.9 se puede observar las muestras que se realizaron para cada método y las mismas después de la prueba de corrosión. Cabe destacar que las muestras que sufren mayor oxidación dependen en gran parte de las características del recubrimiento; como la probeta de M1 a 210 minutos, la de M2 a 270 minutos y la

M3 a 6 horas. Es por eso que en la Figura 5.7 se nota un cambio brusco de los valores de corrosión con respecto a las probetas ya mencionadas.

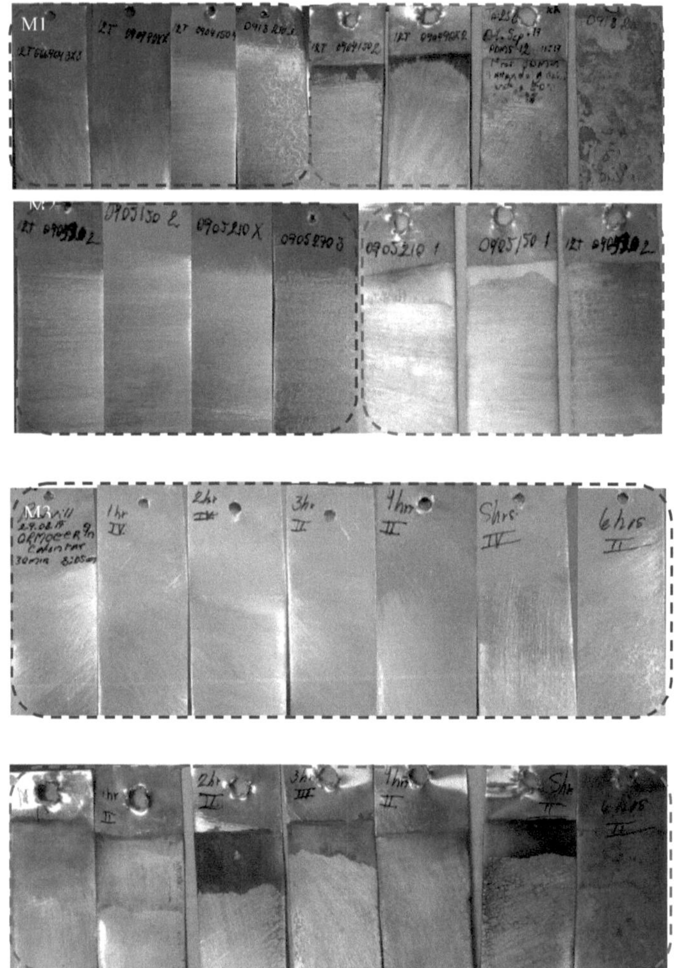

Figura 5.9: Ensayo de corrosión para recubrimiento ORMOSIL-UPIIG, antes y después de la corrosión (sin corrosión-azul y con corrosión-rojo).

La Tabla XVI muestra los parámetros representativos que se obtuvieron en la validación de las pruebas físico-químicas. En donde se discuten bondades como el tiempo de aplicación, la viscosidad, adherencia y retardo de corrosión que se estudió en una serie de probetas. Como resultado de todas estas pruebas experimentales el recubrimiento denominado M1; cae dentro de los parámetros aceptables que se establecen por la NACE, pero su tiempo de estabilidad es de tan solo 150 minutos justo antes de su estado de endurecimiento.

Tabla XVI: Resumen de parámetros recopilados después de la experimentación.

Parámetro de aplicación	Tiempo[mins]	Viscosidad max [mPa]	Adherencia max [MPa]	% retardo de corrosión (velocidad de corrosión) [MPY]
M1	30-150	2.055	0.2633	27.17 (de 90 – 150 mins)
M2	30-210	2.405	0.2667	186.6 (de 90 – 210 mins)
M3	30-270	2.275	0.2767	174.86 (solo en 150 mins)

5.2.6 Escalabilidad del recubrimiento ORMOSIL-UPIIG

La corrosión es causada por la acción química de muchos agentes (humedad, sales, otros compuestos químicos y aerosoles) en partes expuestas a la atmósfera o salpicadas por las ruedas; dado que esta acción no es constante durante toda la vida del automóvil, la prueba puede acelerarse al exponer a los vehículos de tránsito o a los componentes a las salas de humidificación corrosivas durante un cierto período. Otro método, tan eficaz como el primero, es conducir el automóvil a través de piscinas de agua ácida en una cierta porción del curso de prueba de grasa. La aceleración del desgaste y las pruebas de corrosión siguen siendo empíricas y se definen de acuerdo con la experiencia pasada del fabricante del vehículo [37].

La pieza que se usó de referencia para realizar la simulación en el software FlexSim, es la que se muestra en la Figura 5.10. Debido a la falta de tiempo e información fidedigna para tener parámetros reales en la simulación y tenerlos de referencia para mostrar una tabla comparativa; se usaron tiempos de un trabajo semejante para ajustar la línea de pintura de una empresa automotriz asiática.

Tabla XVII: Detalles del guardafangos.

Área total a recubrir (m^2)	Volumen de recubrimiento necesario (ml)
0.5302	60.45

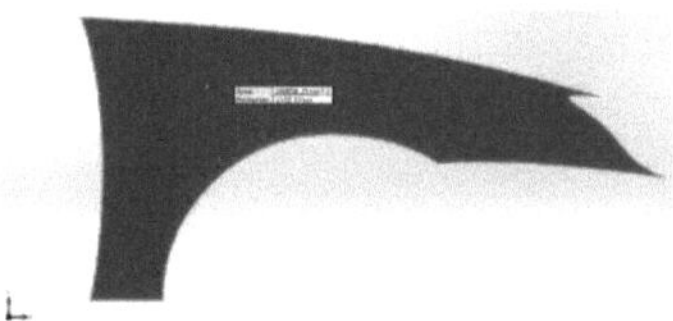

Figura: 5.10: Salpicadera delantera izquierda de un automóvil Mitsubishi Evolution X.

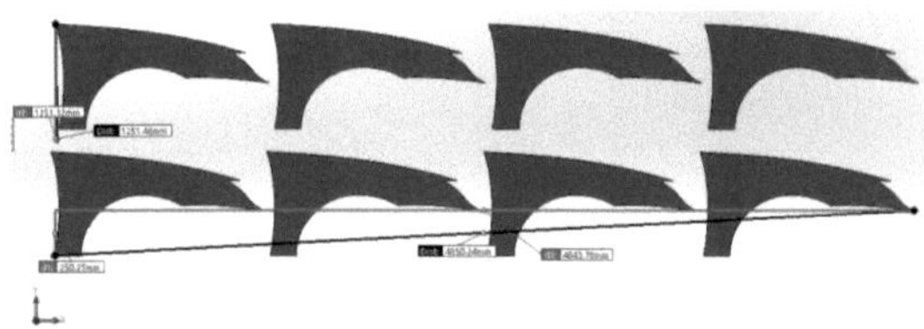

Figura 5.11: Arreglo de salpicaderas propuesto para la inmersión en la tina.

Tabla XVIII: Detalles de la tina de inmersión y costo del recubrimiento.

Volumen total (m^3)	Costo total de ORMOSIL-UPIIG(MXN)
11.94	2405860.8

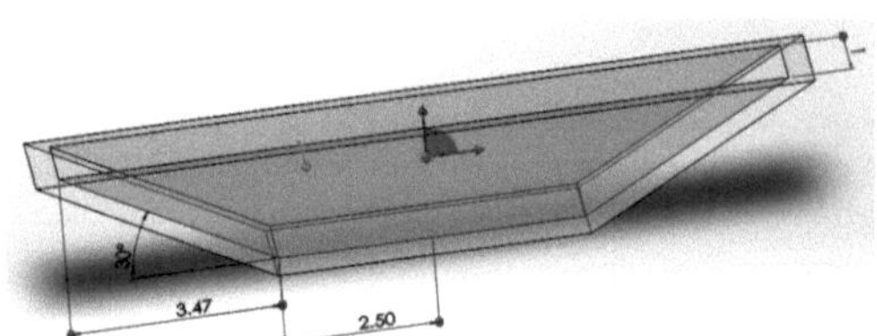

Figura 5.12: Tina de inmersión propuesta para aplicar el recubrimiento.

Tabla XIX: Simulación del proceso de manufactura en el software FlexSim.

Tiempo (segundos)				Numero de autopartes por lote	Numero de lotes en espera	Velocidad (m/min)
Fabricación de la salpicadera	Lote	Desengrasado	Aplicación de recubrimiento			
30	10	380	56	8	10	3

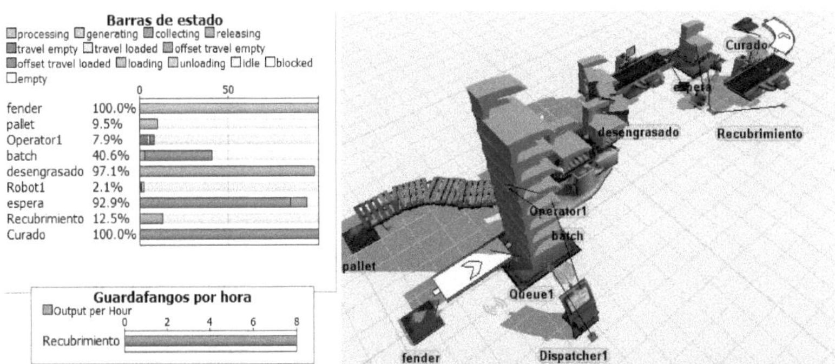

Figura 5.13: Simulación del proceso de aplicación del recubrimiento en el software FlexSim.

Tabla XX: Análisis de costos para el reactivo ORMOSIL-UPIIG.

	costo (pesos)	capacidad *gramos	costo x gramo	capacidad *mililitros	costo x ml	Costo de 5gr de ORMOSIL/UPIIG
DBTL	2660	500	5.32	469.0432	5.67112	0.266
PDMS/12	700	100	7	103.0928	6.79	7
TEOS	5800	3732	1.554126	4000	1.45	7.770632
Costo de 5gr de ORMOSIL-UPIIG						15.03663

Tabla XXI: Análisis de costos para el recubrimiento de la salpicadera.

Objetos recubiertos	Volumen útil (m^3)	Porcentaje útil de la tina	Costo unitario total (MXN)	Costo unitario útil (MXN)
160	0.009672	8%	15036.63	1202.9304

Conclusiones

Este proyecto contempló una serie de experimentos que sirvieron para estudiar el comportamiento del recubrimiento ORMOSIL-UPIIG en diferentes métodos y tiempos de aplicación. El desarrollo del tema de investigación contiene fundamentos literarios que lo avalan para realizarse como tema de prioridad actual, ya que la corrosión es de preocuparse hoy en día. Pero más importante aún es la gravedad con la que los óxidos de Cromo dañan la salud humana, fundamentalmente se pretende escalar el recubrimiento ORMOSIL-UPIIG debido a que su composición es de sílice la cual no tiene ningún efecto en la salud humana, es orgánica y resistente a la corrosión. Debido a que este trabajo es la continuación de uno previo, ya se tiene la cantidad exacta de síntesis, el proyecto se enfocó en buscar las características del mismo en diferentes ambientes de síntesis para encontrar el más adecuado con las diversas herramientas físico-químicas que se contaban en el laboratorio. Una de ellas es el ensayo de viscosidad, el cual fue medido con un viscosímetro Brookfield V2RLV cada vez que se tomaba una muestra del recubrimiento; posteriormente, una vez que ya se tenían, las muestras del M1, M2 y M3 se continuó con las pruebas no destructivas de las muestras. Se realizaron pruebas de corrosión en un ambiente salino por 90 minutos, teniendo en cuenta el peso antes y después de dicha prueba para que posteriormente a través de una formulación matemática obtuviéramos el desgaste en Mili pulgadas por año.

Otras de las pruebas fue el ensayo de adherencia, el cual consistió en hacer pruebas en primera instancia con la relación de los compuestos de la resina epóxica y así, teniendo el porcentaje desviación elegir el que menor tuviera error y medirlas con el dispositivo PosiTest AT-A. Y finalmente se observaron muestras con recubrimiento y muestras oxidadas en el Microscopio Electrónico de Barrido (MEB) JOEL-6510 plus, en donde pudimos apreciar varios detalles de la superficie que pasaron desapercibidos y así mismo se realizaron microanálisis que nos ayudaron a identificar si el recubrimiento aun persistía en la superficie después de la corrosión y el porcentaje del mismo. Tomando como referencia la metodología de investigación propuesta, la parte descrita previamente comprende la primera fase de todo el proyecto, en donde se caracterizó el recubrimiento en sus diferentes métodos y con eso en mente se abordaría la fase de simulación. Para esto se pretendía decidir el método de aplicación, el cual se eligió de forma bibliográfica a través de una tabla comparativa; que de acuerdo a la autoparte a ser recubierta se utilizaría el método de inmersión, ya que fue el mismo que se estudió y aplico a lo largo de toda la experimentación. Teniendo en cuenta el método de aplicación, inmediatamente se tendría que buscar el tiempo real de un taller de pintura automotriz y saber las bondades con las que realizaban la deposición de la primera capa, así como los compuestos y los tiempos que se manejaban.

El proyecto quedo truncado al 80 por ciento, ya que las pruebas físicas se terminaron de hacer tiempo después del propuesto en el diagrama de actividades, el análisis del mismo no se dejó atrás; algunos detalles con la pieza a recubrir como lo fueron el área, retardaron un poco la simulación y en especial la búsqueda de información confidencial por parte del sector privado se volvió el talón de Aquiles para hacer el análisis de costos de la manera más exacta posible. Otros de las características que no se pudieron cubrir de forma física, fueron las pruebas de aplicación por spray. Ya que esta metodología es más exacta, pero consume mayor tiempo de pruebas y a su vez mas parámetros a controlar en la hora de la aplicación; además de no tener un laboratorio especial para el proceso de pintado. Finalmente, en las pruebas de adherencia, debió ser prudente haber realizado pruebas con el método de cinta adhesiva y en el mismo tenor, para las pruebas de corrosión hubiera sido de gran ayuda la corrosión por spray para comprar los resultados con la corrosión en tinas de inmersión. Algunos de los detalles que marcaron el proyecto de investigación, fueron la abrasión excesiva a la hora de preparar las probetas las cuales pasaron por alto el procesos de limpieza y quedaron restos de material abrasivo el cual se pudo comprobar con el microanálisis que se realizó; este problema fue detectado finalizando el segundo parcial, después de haber hecho el muestreo masivo de los tres métodos e incluso las pruebas no destructivas de las mismas, algo que dejo sin manera de retomar un nuevo camino. Tomando en cuenta estos sucesos, la hipótesis propuesta queda rechazada.

Debido a que el proceso de pintura es largo y complejo; solo se enfocó el estudio en la manera de fabricar el anticorrosivo y su aplicación, descuidando el tratamiento que este tiene después de ser aplicado a través de unos hornos que hacen el curado. Es por eso que actualmente se trabaja en el mismo proyecto, tomando en cuenta las lecciones aprendidas y realizando nuevas etapas de experimentación.

Recomendaciones

La experimentación realizada no fue conforme a lo planeado ya que en la superficie de aluminio fue lijada con un papel abrasivo muy grueso que daño la superficie del aluminio, como se puede observar en la Figura 5.2, claramente se ve a través del microanálisis de colores como es que la superficie encerrada en un círculo rojo es un cumulo de recubrimiento; pero por otro lado si observamos detenidamente la imagen del Fe, este mismo cubre toda la superficie de la probeta. Así mismo, en la prueba de corrosión que se llevaron a cabo en el laboratorio se observó que la solución utilizada como medio de corrosión quedo completamente café siendo que el óxido de aluminio es entre tono gris y negro. De esta manera, se deja como memoria aprendida evitar el uso de grano grueso para lijar el sustrato y en lugar de este, utilizar un papel abrasivo de grano fino.

En cuanto a la simulación realizada en el software especializado, ésta quedo muy alejada de la realidad ya que los tiempos de referencia fueron para el proceso de pintura de toda la carrocería automotriz. Sin embargo, se propusieron diversos tiempos que se manejaron en las mediciones del laboratorio. Los costos encontrados son demasiadamente elevados debido a que la utilidad neta del recubrimiento alcanzó tan solo el 8%; encareciendo la autoparte recubierta tanto por el porcentaje desechado. Entonces, debe optimizarse el diseño de la tina, los lotes de inmersión y el tiempo de estabilidad química que tiene el propio recubrimiento, lo cual podría lograrse adicionando etanol como disolvente y gelificando la solución a temperatura ambiente.

Para evitar lo antes descrito, se pretende hacer simulaciones e identificar de forma puntual alguna autoparte más pequeña y encontrar los parámetros exactos para hacer una comparativa más real, también se pretende realizar pruebas con un proceso de curado posterior al proceso de recubrimiento y hacer pruebas con el método de aplicación por aspersión.

Referencias

[1] Gerhardus H. Koch, Michiel P.H. Brongers, etal. "Corrosion Cost and Preventive Strategies in the United States", Publication No.FHWA-RD-01-156, NACE International.

[2] Nathan C. C., "Corrosion Inhibitors", NACE, Houston, Texas, 1981.

[3] U.S. EPA. IRIS. "Toxicological Review of Hexavalent Chromium". U.S. Environmental Protection Agency, Washington, DC, EPA/635/R-10/004A, 2010.

[4] Salden P.M. Chromium: environmental, medical and material studies. Nova Science Publisher Inc. 2011. Pp. 39-42.

[5] Mallick, P. K. Materials, design and manufacturing for lightweight vehicles. Editorial. 2010. Pp. 79-85.

[6] M. Salazar-Hernández, C. Salazar-Hernández, et al. "Tratamientos empleados para evitar la corrosión". Science Associated Editors, L.L.C. (2015). Pp. 151-160.

[7] Talbert, R. Paint Technology Handbook. Taylor & Francis Group. 2008. Pp. 25-27, 28; 91, 105-143; 171.

[8] Newby R. "Functional chromium plating". Atotech USA Inc. 2002.

[9] Mohanty, U. S. Electrodeposition: properties, processes and applications. Nova Science Publisher Inc. 2012.Pp. 28-30.

[10]Technical report. "Chrome plating". BAL SAL, Engineering Inc. 2015.

[11]Cicek, V. Corrosion Engineering. John Wiley & Sons, Incorporated. 2014. Pp. 27-33; 179-202.

[12]Mohamed A.O. The automotive body manufacturing systems and processes. John Wiley & Sons, Incorporated. 2011. Pp. 177- 179.

[13]Kalpakjian, S. & Schmid, S. R. Manufactura, Ingeniería y Tecnología. PEARSON, Educación. 2008. Pp. 1206-1207.

[14]Ahmad Z. Principles of corrosion engineering and corrosion control. Butterworth-Heinemann/IChemE Series. 2006. Pp. 51.

[15]Salazar Hernández C., et al. "Recubrimiento anticorrosivo tipo ormosil empleando dbtl como catalizador de policondensación". Revista Iberoamericana de ciencias. 2014.

[16]Tracton, A. Coatings technology: fundamentals, testing and processing techniques. Taylor & Francis Group. 2007. Pp. 6-3, 6-5.

[17]Zhao J, Du Fi, Cui W, Zhu P, Zhou X, Xie X, "Effect of silica coating thickness on the thermal conductivity of polyurethane/SiO2 coated multiwalled carbon nanotube composites". 2014. Pp. Composites: Part A 58, 1–6.

[18]Brinker, J; Scherer G.W, "Sol-gel science: The physics and chemistry of sol-gel processing", Academic Press INC. San Diego CA, USA. 1990.

[19]Gurappa, I. "Development of appropriate thickness ceramic coatings on 316 L stainless steel for biomedical applications". Surface and Coatings Technology 161. 2002. Pp. 70-78.

[20]Baboian, R. "Corrosion tests and standards: application and interpretation". ASTM International. 2005. Pp.24.

[21]Carmen Salazar Hernández, et al. "Tratamientos empleados para evitar la corrosión". ScienceAssociated Editors, L. L. C 2015. Pp. 158, 159.

[22]Carlos A. Giudice y Andrea M. Pereyra. "Métodos De Aplicación E Instalaciones De Secado/Curado Para Pinturas Y Recubrimientos". Centro de Investigación y Desarrollo en Tecnología de Pinturas Universidad Tecnológica Nacional Facultad Regional La Plata. 2009. Pp.7-13.

[23]Kohl J.G. Singer I.L, Pull off behavior to silicone dúplex coating. Progress in Organic Coating 36 (1999) 15-20.

[24]NACE International. RP0497 Field orrosion evaluation using metallic test specimens. 1997.

[25]ASTM D4541 – 09. "Standard test method for Pull-Off strenght of coatings using portable adhesion tester" . ASTM International. 2016. www.astm.org.

[26]Brinker C.J. Scherer G.W. The physics and chemistry of sol-gel processing. Academic Press. 1990. Pp. 788-796.

[27]"Hoja Técnica EP11HT-gray". Resinlab and ellsworth adhesives Company (2009)].

[28]DeFelsko, Inspection instruments. "PosiTest At-A, the nature of fracture". Northern New York. 2016. Disponible. http://www.defelsko.com/positest-at#at-a Consulta 03.10.17.

[29]American Galvanizers Association. "Hot-Dip Galvanizing thickness". Centennial, Colorado. 2015. .Disponible.   https://www.galvanizeit.org/hot-dip-galvanizing/what-is-hot-dip-galvanizing-hdg/faq Consulta 03.10.17.

[30]Calvo J. Pinturas y recubrimientos: introducción a su tecnologia. Ediciones Diaz de Santos. 2011. Pp. 340 – 341.

[31]ASTM B117-16. "Standard Practice for Operating Salt Spray (Fog) Apparatus". ASTM International. 2016. www.astm.org.

[32]ISSF. "The salt spray test and its use in ranking stainless steels: the test and its limits". Intenational Stainless Steel Forum. 2008.

[33]McCafferty E, "Introduction to corrosion science", Springer. 2010. Pp.24.

[34]Vázquez A. Ciencia e ingeniería de la superficie de los materiales metálicos. Consejo superior de investigaciones científicas. 2000. Pp. 177.

[35]Alcoa Corporation. "Understanding Extruded Aluminum alloys". Cressona, PA. 2017. Disponible. http://www.astro.caltech.edu/sedm/_downloads/Extruded_Alloy_6061.pdf Consulta 03.11.17.

[36]Ernán Hernández Cantero, "Análisis de recubrimiento anticorrosivo tipo ORMOSIL en medio salino para aleación Al-6061 de aplicación aeronáutica", (Tesis de licenciado en Ingeniería Aeronáutica), IPN, 2015.

[37]Morello, L. The automotive body. Springer. 2011. Pag. 69.

[38]International Scientific Academy of Engineering & Technology. "Process Simulation and Improvement of Automotive Paint Shop". Hence Thonburi Automotive Assembly Plant (TAAP). 2013. Disponible: http://www.isaet.org/images/extraimages/IJMMME%200101001.pdf Consulta 20.09.17.

[39]C.P. Kothandaraman. Fluid Mechanics and Machinery. New Age International Pvt. Ltd., Publishers. 2007. Pag. 7,8.

[40]Pocius, A.V. Adhesion Science and Engineering : Surfaces, Chemistry and Applications. Elsevier Science. 2002. Pag. 193, 194.

Anexos

Anexo 1: Introducción a la Viscosidad

Un fluido se define como un material que continuará deformando con la aplicación de una fuerza de corte. Sin embargo, diferentes fluidos se deforman a diferentes velocidades cuando se aplica el mismo esfuerzo cortante (fuerza / área). La viscosidad es la propiedad de un fluido real en virtud del cual ofrece resistencia a la fuerza de corte. Con referencia a la figura 1.8.1, se puede observar que se requiere una fuerza para mover una capa de fluido sobre otra. Para un fluido dado, la fuerza requerida varía directamente según la tasa de deformación. A medida que la velocidad de deformación aumenta, la fuerza requerida también aumenta. Esto se muestra en la figura 1.8.1 (i). La fuerza requerida para causar la misma velocidad de movimiento depende de la naturaleza del fluido. La resistencia ofrecida para la misma tasa de deformación varía directamente según la viscosidad del fluido. A medida que la viscosidad aumenta, la fuerza requerida para causar la misma tasa de deformación aumenta. Esto se muestra en la figura 1.8.1 (ii). La ley de viscosidad de Newton establece que la fuerza de corte que se aplicará para una tasa de deformación de (du / dy) sobre un área A está dada por,

$$F = \mu \, A \, (du / dy) \tag{1.8.1}$$

o

$$(F / A) = \tau = \mu \, (du / dy) = \mu \, (u / y) \tag{1.8.2}$$

donde F es la fuerza aplicada en N, A es el área en m 2, du / dy es el gradiente de velocidad (o tasa de deformación) , 1 / s, perpendicular a la dirección del flujo, aquí se supone lineal, y μ es la constante de proporcionalidad definida como la viscosidad dinámica o absoluta del fluido.

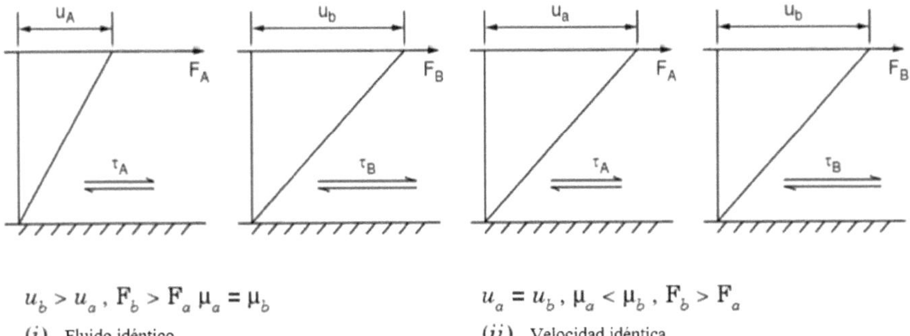

$$u_b > u_a \, , \; F_b > F_a \; \mu_a = \mu_b$$

(i) Fluido idéntico

$$u_a = u_b \, , \; \mu_a < \mu_b \, , \; F_b > F_a$$

(ii) Velocidad idéntica

Figure 1.8.1 Concepto de viscosidad.

Las dimensiones para la viscosidad dinámica μ pueden obtenerse a partir de la definición como Ns / m 2 o kg / ms. El primer conjunto de dimensiones se usa más ventajosamente en problemas de ingeniería. Sin embargo, si se sustituye la dimensión de N, se puede obtener el segundo conjunto de dimensiones, más popularmente utilizado por los científicos. El valor numérico en ambos casos será el mismo. N = kg m / s 2; μ = (kg m / s 2) (s / m 2) = kg / ms La unidad popular para la viscosidad es Poise nombrado en honor a Poiseuille. Poise = 0.1 Ns / m 2 (1.8.3) Centipoise (cP) también se usa con mayor frecuencia, cP = 0.001 Ns / m 2 (1.8.3 a) Para el agua, la viscosidad a 20 ° C es de casi 1 cP. La relación de la viscosidad dinámica a la densidad se define como la viscosidad cinemática, ν, que tiene una dimensión de m 2 / s. Más tarde se verá que se relaciona con la transferencia de momento. Debido a esta viscosidad cinemática también se denomina difusividad de momento. La unidad popular utilizada es Stokes (en honor al científico Stokes). Centistoke también se usa a menudo. 1 stoke = 1 cm 2 / s = 10 -4 m 2 / s (1.8.3 b) De todas las propiedades del fluido, la viscosidad juega un papel muy importante en los problemas de flujo de fluidos. La distribución de la velocidad en el flujo, la resistencia al flujo, etc. están directamente controladas por la viscosidad. En el estudio de la estática de fluidos (es decir, cuando el fluido está en reposo), la viscosidad y la fuerza de corte generalmente no están involucradas. En este capítulo, los problemas se trabajan suponiendo una variación lineal de la velocidad en el fluido que llena el espacio libre entre las superficies con movimiento relativo.

- Método de uso para el viscosímetro
1. Identificar las partes que lo componen, principalmente:
    o   conector de corriente alterna

    o   protector de porta agujas

    o   panel de navegación

    o   nivelador

    o   botón de encendido-apagado

2. Identificar la viscosidad máxima que el fluido puede tener y revisar el manual Brookfield V2RLV en donde define la viscosidad máxima que cada aguja puede medir y las unidades que se manejan.
3. Teniendo un panorama general de los componentes del viscosímetro y de la aguja a utilizar; se debe de nivel el viscosímetro de forma manual, apoyándose del nivelador que se encuentra en el mismo.
4. Se retira el protector del porta-aguja y se enciende.
5. Inmediatamente aparecerá un mensaje de auto calibración, en cuando termine deberás colocar la aguja en su posición.
   Debes de ajustarla con poca fuerza (hacia la izquierda, viéndola de frente)

6. Debes de colocar el tiempo de la medición, en dado caso de que sea automática.
7. Debes de seleccionar el tipo de aguja que colocaste (ver el código que maneja en el manual).
8. Seleccionar la velocidad adecuada, acorde a su viscosidad.

9. Después de haber colocado la muestra del fluido en la chaqueta y su respectiva tapa, iniciar la prueba teniendo en cuenta el torque que muestra. Así, si la medición en curso muestra <10 % nos indicara que la velocidad seleccionada no es la adecuada.
10. Recabar los datos que se muestran en el panel principal.
11. Limpiar el equipo, con el disolvente necesario de acuerdo con el fluido que se midió.

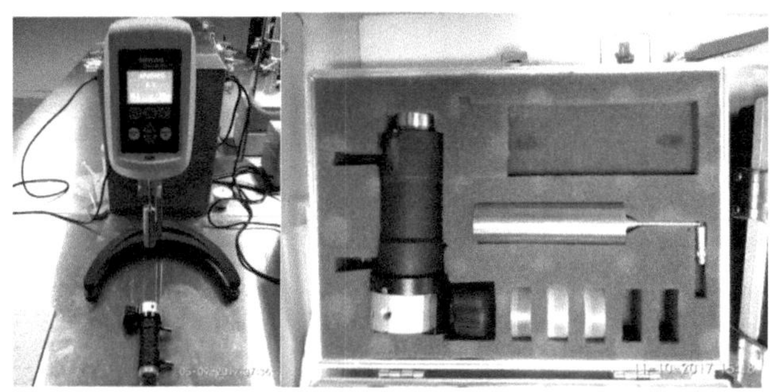

Anexo 2: Introducción a la Corrosión

Según el glosario de corrosión de la Sociedad Estadounidense de Ensayos y Materiales, la corrosión se define como "la reacción química o electroquímica entre un material, generalmente un metal, y su entorno que produce un deterioro del material y sus propiedades". Otras definiciones incluyen la descripción de Fontana de que la corrosión es la metalurgia extractiva en reversa, lo cual se espera ya que los metales termodinámicamente son menos estables en sus formas elementales que en sus formas compuestas como minerales. Fontana afirma que no es posible revertir las leyes fundamentales de la termodinámica para evitar el proceso de corrosión; sin embargo, también afirma que se puede hacer mucho para reducir su tasa a niveles aceptables siempre que se haga de una manera ambientalmente segura y rentable. En el mundo de hoy, surge una mayor demanda de conocimiento de la corrosión debido a varias razones. Entre ellos, la aplicación de nuevos materiales requiere una amplia información sobre

comportamiento a la corrosión de estos materiales particulares. También la corrosividad del agua y la atmósfera se ha incrementado debido a la contaminación y la acidificación causada por la producción industrial. La tendencia en la tecnología para producir materiales más resistentes con un tamaño decreciente hace que sea relativamente más costoso agregar un margen de corrosión al grosor. Particularmente en aplicaciones donde se requieren dimensiones precisas, el uso generalizado de la soldadura debido al desarrollo del sector de la construcción ha aumentado el número de problemas de corrosión.

Corrosión galvánica

La corrosión galvánica ocurre cuando se hace un contacto metálico entre un metal más noble y uno menos noble. Una condición necesaria es que también existe una condición electrolítica entre los metales, de modo que se establece un circuito cerrado. La relación de área entre el cátodo y el ánodo es muy importante. Por ejemplo, si el metal catódico más noble tiene una gran área superficial y el metal menos noble tiene un área relativamente pequeña, una reacción catódica grande debe equilibrarse con una reacción anódica correspondientemente grande concentrada en un área pequeña, dando como resultado una reacción anódica más alta tarifa. Esto conduce a una tasa de disolución de metal o velocidad de corrosión más alta. Por lo tanto, la relación de área catódica a anódica debe mantenerse lo más baja posible. La corrosión galvánica es uno de los mayores problemas prácticos de corrosión del aluminio y las aleaciones de aluminio, ya que el aluminio es termodinámicamente más activo que la mayoría de los otros materiales estructurales comunes y el óxido pasivo, que protege el aluminio, puede degradarse localmente cuando el potencial es levantado debido al contacto con un material más noble. Este es particularmente el caso cuando el aluminio y sus aleaciones están expuestos en aguas que contienen cloruros u otras especies agresivas. La serie de potenciales de reducción estándar de varios metales se puede utilizar para explicar el riesgo de corrosión galvánica; sin embargo, estos potenciales expresan propiedades termodinámicas, que no tener en cuenta los aspectos cinéticos. Además, si la diferencia de potencial entre dos metales en una pareja galvánica es demasiado grande, el metal más noble no participa en el proceso de corrosión con sus propios iones. Por lo tanto, bajo esta condición, el potencial de reducción del metal más noble no juega ningún papel. Por lo tanto, establecer una serie galvánica para condiciones específicas se vuelve crucial.

- Corrosión galvanométrica

1. Identificar las partes que lo componen, principalmente:
    - o conector de corriente alterna
    - o Vasos de precipitados (tinas de inmersión)
    - o Varillas de ánodos y cátodos
    - o Cables de conexión a corrientes
    - o panel de navegación
    - o botón de encendido-apagado

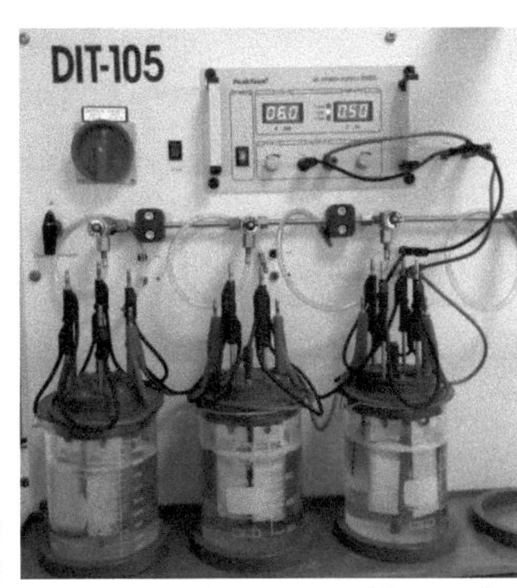

2. Tener en cuenta el ambiente corrosivo que se manejara.
3. Proponer el tiempo de corrosión y el amperaje.
4. Teniendo un panorama general de los componentes del banco de corrosión DIT-105 Peaktech; se deben de colocar las probetas y los ánodos de sacrificio en sus respectivas posiciones, sumergirlos en el ambiente corrosivo y finalmente colocar los cables en serie para todas las tinas.
5. Ajustar el amperaje de la tina, con las dos perillas que se muestran a continuación.
6. Después de haber cumplido el tiempo pactado en la simulación, recabar los datos que se muestran en el panel principal.
7. Limpiar las tinas y los bastones de sujeción.

Anexo 3: Introducción a la Adherencia

La unión adhesiva es un método común para conectar dos o más componentes entre sí. En comparación con las conexiones mecánicas, las juntas adhesivas permiten una distribución más uniforme de la carga en un área más grande, reduciendo las concentraciones localizadas de tensión. Esto no implica, sin embargo, que las tensiones sean uniformes o que las distribuciones de tensiones se entiendan bien en las uniones adhesivas. Se debe tener cuidado para diseñar correctamente las juntas adhesivas, al igual que se debe tener en cuenta al diseñar otras juntas mecánicas. Al diseñar juntas adhesivas, las dos consideraciones principales son el adhesivo que se utilizará y la geometría de la unión. Hay muchas opciones al seleccionar un adhesivo; actualmente hay literalmente miles de adhesivos disponibles en el mercado destinados a una amplia variedad de aplicaciones. Del mismo modo, existen numerosos parámetros geométricos que se pueden variar en un diseño de junta adhesiva. Las pruebas mecánicas de adhesivos son un área que al principio puede parecer sencilla y, en principio, bastante simple. La percepción común entre aquellos con experiencia técnica pero con poca o ninguna experiencia con los adhesivos es que la "resistencia adhesiva" es "el estrés requerido para hacer que el adhesivo falle" o "qué tan apretado se adhiere el material al sustrato". Si bien los análisis de estrés de las articulaciones son importantes y esta característica de 'adherencia' es absolutamente esencial para la integridad de una articulación, las propiedades y eventos bien eliminados de la interfaz llamada sustrato adhesivo también afectan drásticamente la fuerza de la unión. Para la mayoría de las juntas adhesivas prácticas, la ruta real seguida en la falla se elimina de alguna manera de esta 'interfaz'. La falla en la cual el adhesivo parece retirarse del sustrato se cita a veces como evidencia de degradación ambiental (humedad) de la unión. Por lo tanto, es importante que quienes participan en las pruebas de resistencia de la unión adhesiva no solo comprendan la mecánica de la articulación, sino también también un poco de conocimiento de la ciencia y la química de la adhesión. Estos factores proporcionan una idea de la complejidad de las pruebas mecánicas de los adhesivos y la importancia de interpretar correctamente los resultados de las pruebas. La fuerza de una junta adhesiva es una propiedad del sistema que depende de las propiedades del adhesivo, el adherente (s) y la interfase y requiere una comprensión de la mecánica, la física y la química. En consecuencia, este capítulo proporcionará una breve descripción de los mecanismos propuestos (o modelos moleculares) responsables de la adhesión antes de embarcarse en una descripción de varios métodos de prueba y discutir el significado de algunos resultados de pruebas.

- Adhesión tester
  1. Identificar las partes que lo componen, principalmente:
     - conector de corriente alterna
     - Dolies de pruebas
     - Mecanismo de sujeción para doly
     - panel de navegación
     - botón de encendido-apagado
  2. Tener en cuenta las unidades que se manejaran y la medida del Doly.
  3. Teniendo un panorama general de los componentes del PosiTest AT-A; hacer la mezcla de resina con la respectiva relación que se haya definido, colocar los dolies con una superficie estándar para obtener resultados confiables y finalmente dejarlos curar más de doce horas.
  4. Colocar la muestra con el debido cuidado, en nuestro porta-dolies.

5. Sujetar el porta-dolies contra una superficie plana y proceder a presionar el botón "verde"; estar alerta cuando se escuche un chasquido y al mismo tiempo visualizar la pantalla para ver si la medición sigue aumentando de valor, con lo que comprobaremos que ya se terminó la prueba y debemos de presionar el botón "rojo" de inmediato.
6. Limpiar los dolies de pruebas; primero retirar la mayor cantidad posible de resina con las manos y posteriormente lijar con papel abrasivo de grano 100.

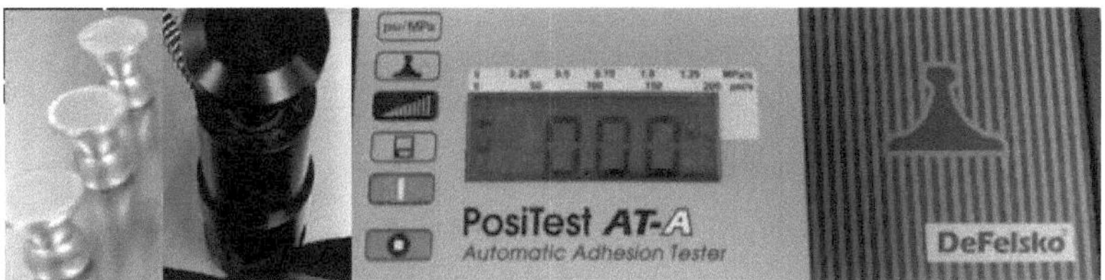

Anexo 4. Trabajos Presentados en Congresos ECCyTEG

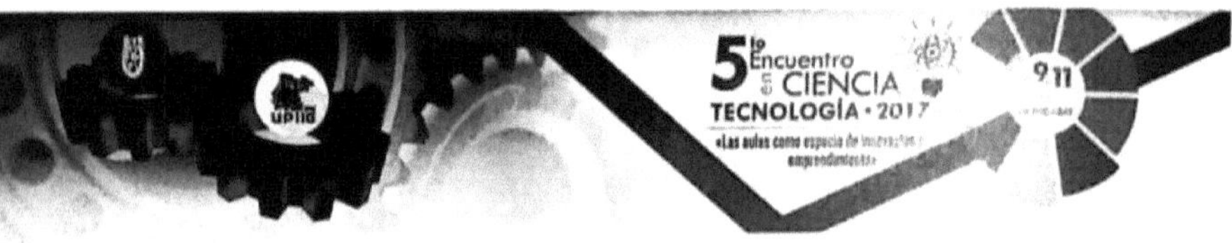

Printed by Books on Demand GmbH, Norderstedt / Germany